一本小小的职场晋升书

秘振颉 —— 著

中国纺织出版社有限公司

内 容 提 要

本书以案例分析的形式，直击职场新人的痛点，旨在帮助职场新人迅速进入角色，破解工作中可能遇到的困惑和问题。本书分为五个章节：入职，找准人生方向；做好手头工作，才是立足职场的根本；如何处理好与上司、同事的关系；获得个人成长，让自己变得更强大；走向更适合自己的平台。

图书在版编目（CIP）数据

一本小小的职场晋升书 / 嵇振颉著. ——北京：中国纺织出版社有限公司，2024.3
ISBN 978-7-5229-1055-0

Ⅰ.①一… Ⅱ.①嵇… Ⅲ.①成功心理—通俗读物 Ⅳ.①B848.4-49

中国国家版本馆CIP数据核字（2023）第183769号

责任编辑：刘　丹　　特约编辑：武亭立
责任校对：王蕙莹　　责任印制：储志伟

中国纺织出版社有限公司出版发行
地址：北京市朝阳区百子湾东里A407号楼　邮政编码：100124
销售电话：010—67004422　传真：010—87155801
http://www.c-textilep.com
中国纺织出版社天猫旗舰店
官方微博http://weibo.com/2119887771
天津千鹤文化传播有限公司印刷　各地新华书店经销
2024年3月第1版第1次印刷
开本：880×1230　1/32　印张：6
字数：135千字　定价：58.00元

凡购本书，如有缺页、倒页、脱页，由本社图书营销中心调换

前言

2023年，全国高校毕业生人数达到1158万人，同比增长82万人，再次创下历史新高。同时城镇新增就业劳动力达到约1200万人，同样刷新了最高纪录。

不用多说，单就这些冷冰冰的数字就足以看出当下的就业形势有多么严峻。就业形势严峻，对在职人员同样形成巨大的心理压力。哪怕你对手头工作很不满意，也不得不掂量跳槽、离职的风险。

对比积累多年职场经验的"老司机"，菜鸟、小白们的处境更加危急。无论是即将入职的应届毕业生，还是入职不久的新人，要么为一份工作四处奔走，一次次无功而返；要么在办公室忙得昏天黑地，依然担忧头顶上的那把"刀"随时落下……

职场永远是一座金字塔，上面是金字塔的塔顶，尖而小；下面是金字塔的塔身和塔基，汇集了烘托"红花"的大量"绿叶"。几十年职业生涯，大部分人都会遇到职业发展瓶颈，极少数人能突破瓶颈、破茧成蝶，登上事业高峰，成为别人敬仰的大咖。但是大部分人会被卡在某个位置难以前进，再次应验了那句玩笑话："长江后浪推前浪，前浪被拍死在沙滩上。"

时也？命也？职场人陷入深深的迷茫，这也就是职场指导类书籍应运而生的基础。人们渴望通过阅读别人的经验，找到一条适合自己的发展道路。

职场"老人"尚且需要不断充电，更遑论经验、能力皆有待提高的新人。

市面上不乏带有案例和干货的职场宝典。很多职场书的作者是人力资源领域、职业规划领域的"大咖"，他们的睿智之言凝结成一行行文字，为职场新人或者准新人提供一些借鉴。

既然有了汗牛充栋的著作，这本书又将带给读者哪些不一样的阅读体验呢？那就是最直接、最有用的经验分享。不用板起面孔说话，没有太多说教，如同面对面交流那样坦诚。

我不敢豪言自己在职场中有多么如鱼得水，为人处世方面多么有天赋。工作这么多年来，我摔过不少跟头，掉过不少陷阱，一度深陷绝境，却在最无助时转危为安。遇到过不友好的人，但也有贵人提携过，能走到今天，全凭这两股力量相互作用。对于贵人，我表示由衷的感激；对于不友好的人，我也要道一声另类的"谢谢"，是他们让我不断反思自己存在的种种不足。相比前者，后者对我的鞭策作用更大。

当然，我不希望职场新人们重复我曾经走过的弯路，这也是我写这本书的初衷。

这本书的部分文章曾在"智联招聘"等职场类公众号上发表，一些作品在全网的阅读量达百万以上，收获了不错的反响。除此之外，我还采访了各行各业的优秀人士，除了撰写一篇篇非虚构人物故事稿件，还从他们的人生经历中汲取智慧和能量。为了让这本书更具系统性，我对作品重新进行修订，分门别类地阐述职场人可能面对的种种问题。

全书以案例加分析的形式，逻辑条理清晰，没有任何阅读障碍，可以帮助职场新人迅速上手，破解工作中可能遇到的困惑和问题。本书分为五个章节：入职，找准人生方向；做好手头工作，才是立足职场的根本；如何处理好与上司、同事的关系；获得个人成长，让自己变得更强大；走向更适合自己的平台，涵盖了职场人从入职、职业发展到离职等各个环节。

第一章"入职，找准人生方向"，旨在帮助新人走好入职的第一步。对大多数新人来说，职场是一个陌生的环境，只有尽快熟悉环境、找准自身定位，才能让后面的每一天更有效率。

第二章"做好手头工作，才是立足职场的根本"，阐述了职场人应该关注的重点——做好手头工作。企业是江湖，更是营利性组织，能为企业创造效益才是每个员工的职责。无论是什么上司、领导，都喜欢本职工作干得出色的员工。只有做好手头工作，你在职场才更有底气。

第三章"如何处理好与上司、同事的关系"，讲了如何梳理好职场中最重要的两种关系。对新人来说，上司和同事是工作中相处最多的人。前者决定职场生涯的上限，后者决定职场生涯的下限。不能搞好与上司的关系，升职加薪等往上走的路径会受到很大影响，很可能降低你的上限；与同事关系紧张，你也无法安心工作，给自己的发展带来很大的负面作用。搞好人际关系与做好工作息息相关，不可等闲视之。

第四章"获得个人成长，让自己变得更强大"，阐述了在工作之余如何提升自我。一个人在办公室的时间很长，这段时间决定着你的人生走向；下班后的这段时间同样不能随意挥霍。有人在别人"放飞自我"时暗自努力，开辟出一条适合自己的道路。尝试去理财，让自己拥有一份躺赚的收入；学会缓解工作压力，保持身体健康，不要掉入"年轻时拿命挣钱，年老时拿钱换命"的宿命；不耽误本职工作的前提下，学习其他有用的技能，避免行业周期带来的失业危机。一个人能在下班后做很多事情，这既能丰富下班后的生活，让你以最好的状态迎接第二天的工作，又能带来乐趣，给相对枯燥的生活增添一抹色彩。

第五章"走向更适合自己的平台"，提及了离职、自主创业等往更高平台发展的可能性。没有一个人永远是新人，很多大咖也是从懵懂的新人走过来的。如何让自己脱颖而出，是每个职场新人必须思考的问题。

总之，就是希望这本书能带给大家更多有用的信息，为你将来事业起飞助一臂之力。

每个人都会经历人生的低谷期，危机是危中有机，寒冬过后必然是生机盎然的春天。

嵇振颉

2023 年 10 月

目 录

第一章 入职，找准人生方向
毕业后的第一份工作，非大公司不可吗 / 2
想要尽快突破新手期，不妨尝试学会"找茬儿" / 7
如何迅速适应环境，进入角色 / 12
刚入职，应不应该表现得很优秀 / 20

第二章 做好手头工作，才是立足职场的根本
有些工作，不是单纯调整心态就能做好 / 28
职场中的"突然袭击"，怎么破 / 33
准备休假，突然被塞了一堆工作，怎么办 / 38
囧！被安排超出能力的工作 / 45
手头工作，不是做完就好了 / 51
工作干得越多越好吗 / 56
小心"彻底躺平"的美丽陷阱 / 61

第三章 如何处理好与上司、同事的关系
如何向上司汇报工作 / 68
工作量暴增想涨薪，怎么和上司谈 / 74

上司说"好好干"，该如何应对 / 80

上司问你"最近忙不忙"，怎么破 / 83

被上司无端批评，怎么破 / 91

不在背后谈论别人 / 95

职场中请保持适度的边界感 / 101

第四章 获得个人成长，让自己变得更强大

人需要的不只是智商、情商，还有复原力 / 110

35岁真的是你的职业"天花板"吗 / 115

年轻时，投资自己比存钱更重要 / 120

不做情绪的奴隶，才是命运真正的主人 / 123

拖延症得好好治治 / 128

技多不压身？小心"斜杠青年"这碗毒鸡汤 / 133

内向，必须得改吗 / 139

第五章 走向更适合自己的平台

如何发现公司走下坡路 / 148

"走"得难看，是给你的未来挖坑 / 156

面试新公司时，请对老东家"嘴下留情" / 161

为什么你会越"跳"越糟心 / 166

新公司问"多久能入职"时，别急着辞职 / 171

离职前，要不要对同事透露去向 / 179

第一章
入职，找准人生方向

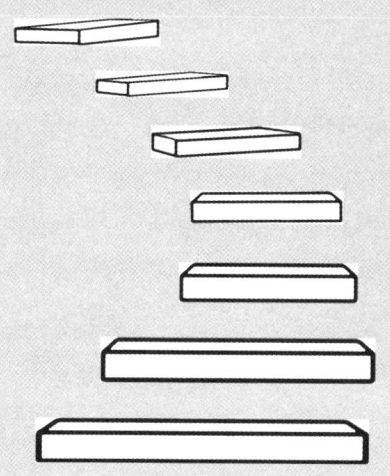

毕业后的第一份工作，非大公司不可吗

1. 大公司确实是一块诱人的"馅儿饼"

毕业求职季，大公司的校园招聘摊位前总能排起长龙。与之形成鲜明对比的是那些初创类小公司，摊位前门可罗雀。

一冷一热的背后，折射出求职者对于未来发展的选择。

一个人没有分身术，选择进入某家公司，就意味着错过另一家公司的机会。特别是第一份工作，对未来发展的方向起到至关重要的引领作用，不能等闲视之。

第一份工作要留给大公司，一方面是身边人的示范效应，另一方面是求职类书籍起到了功不可没的作用。

身边不乏这样"第一步走对、步步走对"的案例，比我年长几岁的师姐就是在同学中口口相传的传奇人物。

大学毕业后她以管理培训生的身份进入世界著名的四大会计师事务所之一，起薪两万多，转正后翻了一番，还获得了出国培训的机会，回国后担任中层管理人员。不到30岁就跃升高管，还多次被邀请到各个场合演讲。在知识付费的平台上，她就是草根逆袭的典型代表，粉丝数突破百万，很多人不惜支付几百元、上千元的费用，只为得到这位年轻大咖的"独门秘笈"。

本职工作光鲜亮丽，还在网络平台上收获万千陌生人的喜爱，人生的成功不过如此。

此外，很多求职类书籍都强调第一份工作的重要性。第一份工作就是每个人的起点，为什么不选择更优质、更高端的起点？相比于小公司，大公司确实具有明显的优势。

大公司更可能提供不错的薪水。像前面那位师姐，起薪是普通应届毕业生的好几倍，未来的增长速度也比别人快不少。都说钱不是万能的，没有钱却是万万不能的。相比实现了财务自由的人，新人们在钱这个问题上自然不能"免俗"。

大公司具有良好的福利待遇。除了基本的社保，还额外提供诱人的带薪休假和其他活动。至于免费的早餐和下午茶、报销车费和油费等福利，更是让应届毕业生幸福感暴增。

大公司可以提供广阔的成长空间。项目多、机会多，又能得到行业内大咖的指点，可以迅速提升工作能力。当工作经验积累到一定程度，还可以作为管理者带领团队。

在大公司有机会结交高层次人脉，形成光环效应。也许在小公司，很难有机会与精英面对面交流，但大公司提供的平台可以让你更容易获取这些人脉。人脉是一笔隐形财富，是未来个人价值几何级增长的助推器。当你在某个领域有了一定知名度，再加上大公司资深管理者这个光环，一定会有各式各样的平台邀请你传道授业，让你变身为拥有众多粉丝的"知识红人"。

2. 你的"第一次"只能留给大公司吗

刚才讲了进入大公司的各种好处，难怪大家挤破头也要成为大公司的一员。可是职场的"第一次"只能留给大公司吗？

我采访过一位做设计的大咖，他的第一份工作是在一家初创公司。十年前，他主动来到这家看起来很不起眼的公司。这家设计公司只有一间十几平方米的办公室，摆放着四台电脑。换做其他人，看到这样的环境，估计扭头就走。

但是，这位大咖当时没有轻易做出决定。

尽管硬件设施简陋，"软件"却不含糊。老板拿出他们设计的作品，那位大咖立马转变了自己的态度。

这些作品都曾在国内外的设计大赛中斩获奖项，能和一群经常获奖的能人在一起工作，硬件设施变得不再那么重要了。

加盟这家小公司后，他主导众多品牌形象整体设计。因为公司小，没有大公司普遍存在的"科层制"弊端，他的很多想法不会受到干扰，放手干就行了。后来他设计的作品风格集现代与传统于一体，融合东西方文化，多次在国际国内专业比赛中获奖。

最后，这家小公司从最初的四个人猛增至数百人。他在陪伴公司成长的过程中，逐渐成为设计领域有影响力的精英。

大公司确实是非常好的职业发展平台，但"僧多粥少"，绝大多数毕业生，最终的去向可能是小公司。

世界上的一切事物都在运动变化，也许小公司会在未来成长为一艘"航空母舰"。早期进入者便可能成为公司元老，在"疾风恶浪"中磨砺才华。

关键还是要努力，要对自己有信心。大公司竞争激烈，满足于这个平台，同样可能碌碌无为。

3. 当心不靠谱的小公司

既然小公司是大多数人职业生涯的起点，擦亮眼睛显得非常有必要。很不幸，现实生活中也有一些不靠谱的小公司，不仅让年轻员工长期挣扎在温饱线附近，还耽误了他们的大好时光。

我的表妹就不幸中招。她的第一份工作是在一家传媒公司，一晃两年过去了，在老板的巧嘴忽悠下，表妹名义上是营销专员，实际上干的是勤杂工的活儿。

最后公司垮了，老板跑了，表妹三个月没拿到工资。去外面应聘，说自己有近三年工作经验，但工作能力和刚出来的应届毕业生差不多，后来花费好长时间才找到下家。

所以去小公司工作，一定要找一家靠谱的。判断小公司靠谱的标准是什么？"靠谱"这个词很难量化，不如采用排除法，这里将种种不靠谱的特征罗列如下。

首先是不谈钱只谈理想的公司。有很多老板会对新员工说，第一份工作只是起点，应该关注未来，不应该将眼光局限在眼皮子底下这点工资。这通歪理麻痹过无数职场新人。

在此提醒应届毕业生，遇到这样的老板还是绕道而行吧。工作本来就是要赚钱的，至于未来发展如何，那是员工自己考虑的问题，不需要老板操这份心。夸夸其谈、让员工不考虑收入的论调，只是老板盘剥员工的借口。这样一心想着剥削员工的老板，难道会为你提供适合的平台和职业发展路径吗？

其次是"画饼充饥"，单纯给员工"打鸡血"的公司。与上一类公司相反，这类公司不回避钱这个问题。他们谈钱，不过谈得不着边际。他们会给员工描绘非常美好的远景，比如分得股份、在多少年内上市。

不是说小公司不该有这样的大目标,而是说,要实现这样的目标必须要有明确的计划和方向,而不是这样空谈宏大计划,单纯给员工"打鸡血"。这样无异于"画饼充饥",说到底还是为了稳定员工的情绪,让年轻人接受眼下的艰难岁月。不是不让年轻人吃苦,只是这样的苦吃得非常不值得。

最后,也是最可怕的,是任人唯亲的公司。由于公司制度还不健全,任人唯亲的现象在一些小公司很普遍。问题不在于不能任用老板的亲人和朋友,如果这些人确实有能力。就怕这些人不懂专业还瞎指挥,老板对其他人提出的意见充耳不闻,离开这样的公司是最好的选择。

4. 职场生涯是一场马拉松,静下心来做好职业规划

以上说了几类不靠谱的小公司。不只是小公司,某些有一定规模的公司也存在类似情况。我们无法改变整个大环境,唯有具备判断能力,才不会让自己的职业生涯走很多弯路。

无论你进入小公司还是大公司,做好一份适合自身能力和潜力的职业规划显得非常必要。

太多人只顾闷头工作,以为只要干好本职工作、对得起这份工资就可以。殊不知这样"低头走路、不问前方险阻"的做法,很可能迷失方向。

一个人的职业生涯跨度很大,取得一个开门红固然可喜,但是没有接下来的持续发力,很可能被暂时落后的人迎头赶上。

对于没能进入大公司的应届毕业生来说,更需要静下心来做好

职业规划。这份规划应该包括短期、中期、长期，内容包括个人能力分析、目标管理、绩效验收，方便自己将目标与实现情况对照。

短期规划可以设定在一个月内，内容相对具体，目标更为清晰，便于直接操作。中长期规划一般在半年、一年，甚至三五年，以取得某个重量级的职业认证证书、达到某个职业层级、收获行业内某个重量级荣誉或大奖为目标。

有了详尽的规划，下一步就是执行力问题。哈佛大学有一个著名的理论：一个人取得的成就，很大程度上取决于工作时间之外的死磕。具体到某个时间段，就是晚上8点到10点。如果能利用好这两个小时进行学习、思考，打造自己的核心竞争力，经过数年积累，你的人生就会发生本质性改变。

职场生涯是一场马拉松，不必纠结于第一步。走好脚下的每一步，就会迎来属于你的春天。

想要尽快突破新手期，不妨尝试学会"找茬儿"

1. 不能仅仅满足于做一个执行者

新手期是职场新人不可逾越的阶段。有人在这个阶段只停留几个月，有人却驻足长达三五年。为什么人与人的差距这么大呢？

工作近四年，小A拿着正式员工中最低的一档工资。

作为好友，我忍不住帮助他分析原因。他义愤填膺地说："那些人不就是会钻营吗？我最看不惯那一套。"

我知道小A口中的"钻营"，就是所谓的"职场江湖"。提及这个名词，职场人都不会陌生。就算是各项规章制度健全的公司，也不能完全否认"职场江湖"的存在。有人的地方，就有复杂的人际关系。

抛开无法控制的主客观因素，我只想分析他在工作上的表现。

"主管让我干什么，我就干什么。一天到晚，都是没有技术含量的活儿。"小A的抱怨，体现出了他这几年郁郁不得志的缘由。

他就是一只没有主观意志的"陀螺"，被动地等待别人去抽打。

这种心态，我称为"纯粹的执行者心态"。这种心态，普遍存在于职场新人身上，也能在一些老员工身上觅得踪迹。

抱有这种心态的人，总是处在等待的状态中。他们根本没有主动做事的意愿，只想着上司替他们把好大方向，他们当好一名称职的执行者就够了。上司是他们的大脑，控制着他们行动的指令按钮。

不可否认，新人在很多时候是一个执行者，需要不折不扣地完成上司交办的任务。因为新人经验不足，能力不够强，无法短时间内单独胜任某项工作，担任安分的执行者也符合实际情况。

但这仅仅是基础，拉开一部分人和大部分人之间差距的，就是在完成上司交办任务之外的领域。

不仅仅满足于做一个执行者，才是突破新手期的关键。

2. 练就一双发现问题的眼睛

除了做称职的执行者，新人们可以尝试练就一双发现问题的眼睛。

倩倩是总裁办的文员，帮助安排总裁的会议及行程，做好上下级的沟通协调工作，还有一大堆琐碎的事务性工作。

除了做好本职工作，她还会仔细观察身边人的情况。在和很多同事聊天的过程中，她听到最多的一个词就是"压力大"。

每天做不完的项目、头顶上高悬的考核之剑，还有生存的压力……都市白领的心理健康问题不容忽视。机器尚且需要保养，人的身心更要好好呵护。

公司有完善的休假制度，不过囿于竞争压力，员工们宁愿选择放弃休假、领取补贴。这种疲劳战术，只会让工作效率呈现边际递减效应。

倩倩花了几个晚上，向上司提出一份几千字的建议案，既有问题的展示，也有详细的建议，更有对这些建议的可行性分析。

她提出在公司设立心理咨询室和宣泄室，邀请资深心理咨询师定期做心理测试和疏导，及时干预存在轻微心理障碍的员工。还建议实施强制休假制度，在保障公司正常运营的前提下，让员工们获得充分休息。

这份建议获得通过，在实施中取得不错的效果。不仅提升了公司的效益，核心人才的离职率也大幅度降低。不出意外，倩倩不再是只有文员的头衔了。

在很多新人眼中，似乎多做一点就有多管闲事之嫌。即便发现问题，也会认为这些问题属于"肉食者谋之"，是公司领导们操心的事情，与自己毫无瓜葛。自己多操这份心，反而可能带来麻烦。

不愿理会看似和自己毫无瓜葛的问题，很可能错失突破新手期的机会。

要有"问题意识"，有一双发现问题的眼睛，找出公司运营、管理中存在的问题。说得更通俗一点，就是主动去"找茬儿"。

3. 发现问题，更要找到解决问题的办法

很多人会说，我也发现了问题，向上司反映了问题，为什么依然还是默默无闻的"路人甲"？唐骏的事例或许能给大家一些启示。

加入微软两年后，唐骏发现，Windows 系统的中文版问世总要比英文版慢一年。他开始"惦记"这个问题，做了大量实证研究。

经过仔细梳理，唐骏发现问题出在软件开发上。微软诞生于美国，主要面对以英语为母语的人群，在当时，使用中文的地区是新近开发的市场。要彻底解决这个问题，必须对整个系统的源代码进行改写。这项工程很浩大，可能需要大半年时间。

在和同事们交流的过程中，唐骏才明白：原来大多数人早就意识到这个问题的存在。他们曾向老板反映过这个问题，面对"只有问题、没有答案"的"半成品"，工作繁忙的老板哪能听得进去？

从那以后，唐骏在闲暇之余多了一项工作：研究解决 Windows 系统中文版与英文版不同步问题的办法。他自己开发模型，反复论证。半年后，唐骏将一整套方案提交给顶头上司。

很快，这套方案被转送到技术部门进行测试。经过三个月调试，公司总部采纳了他的方案。Windows 系统所有版本，终于能同时发布。

顶头上司很激动地对唐骏说："骏，你不是第一个提出这个问题的人，却是第一个拿来可以实施的解决方案的人。"很快，唐骏的职务得到提升，并获得脱产培训三个月的福利待遇。

"找茬儿"本来就需要好好掂量，若只是单纯指出问题，肯定让老板不舒服：既然已经发现问题，为什么不再深入思考对策呢？

4. 会"找茬儿"的鸟儿有虫吃

为什么会"找茬儿"能突破新手期?

首先,"找茬儿"会引起老板和上司的关注。虽然可以用业绩来说话,但是能发现问题并提出解决办法,势必会引起高层的重视。

没有一家公司的管理者不喜欢有"问题意识"的员工,这样的员工比只会执行的下属能创造更多价值。

一个人的事业发展,除了自身努力,机遇和贵人提携也非常重要。能提出问题引起管理者重视,得到贵人提携的概率也就大大提高。

其次,"找茬儿"能帮助你适应更高层面的工作。"找茬儿"是站在管理者角度思考问题,有助于培养自己的大局观念和管理能力。这些能力和素质,是你胜任更高层次所必备的。也就是说,"找茬儿"是你成为管理者的"适应期"。

当然,文中所说的"找茬儿"必须是出于善意的,绝非出于个人攻击或泄私愤的目的。另外,沟通技巧上要注意方式方法,尽量避免让上司难堪。

我就听到过这样的事例,有新人在公开场合,当着众人的面指责经理的方案存在问题。哪怕说的在理,也不会给经理留下好印象,更谈不上以后会提携他。

这么鲁莽的行为触犯了经理在下属面前的权威。在权威和接受建议两者之间,管理者通常会选择前者。

不合时宜地"找茬儿",只会让管理者"添堵",让自己的职场之路蒙上阴影。

愿你做一只会"找茬儿"的鸟儿,尽早突破略显沉闷的新手期,吃到属于自己的"虫儿"。

如何迅速适应环境，进入角色

1. 忘记过去的成就，一切从零开始

邻居家的孩子小芳临近研究生毕业，工作还没有着落。我妈是热心人，了解到这个情况后让我帮忙想想办法。

"张阿姨以前帮过我们家，现在她女儿就业有困难，我们不能袖手旁观。"见我面露难色，母亲特意强调，这个忙肯定要帮。

我联系了一些自己开公司和在大型企业负责人力资源工作的朋友，询问他们今年是否还有招聘应届毕业生的名额。对方纷纷表示公司的经营状况不是很好，能保证不裁员就不错了，根本没考虑再招聘应届毕业生。就算要招人，首选有工作经验的社会人，应届毕业生能力、经验不足，无法做到即插即用，还要花上很长时间去培养，费时费力。

眼看无法完成母亲大人交给我的任务，不想事情终于迎来了转机。

三天后，小芳去我推荐的公司面试。面试还算顺利，她获得了梦寐以求的录取通知。只是，她的脸上没有一点点兴奋之色。

"我本来的预期薪资是 8000 元，他们公司试用期只有 4500 元，转正后也不过 6000 元。要不是今年找工作很难，我才不要这么将

就。"这个26岁的女生不以为然地对我说。

后来我打听过了，本来小芳不愿意接受这份录取通知。她觉得这份薪资配不上她名校研究生的身份，与其将自己"打折出售"，不如继续攻读博士学位。等到严峻的就业形势明显缓解，自己还更有竞争力，不愁找不到性价比更高的工作。

还是她母亲好说歹说，小芳才答应放下研究生的身架，接受这份工作。

三个月试用期过去，朋友告诉我：你推荐的小芳离职了。

小芳离职的原因，除了不满意薪资待遇外，主要是不满意工作内容。

工作内容？是什么样的工作让这个女孩不愿意待下去？

"她就是眼高手低。老板交给她一些简单的工作，她干得很不情愿。她总是觉得自己不该干这些没有技术含量的工作，认为老板有点大材小用。给她压担子，她又担不起来，别看她名校研究生学历，完全中看不中用。"说起小芳，这位朋友忍不住对我吐槽。

我找到小芳，想听听她这个当事人怎么评价这份工作。

她和我的朋友说得差不多，一直在抱怨这份工作不适合她，与她所学的专业知识完全不匹配，做得都是杂活儿，就是给别人打下手。这样干个三年五载，能力一点也没法提升。她一个研究生，怎么可以长期被这样使用？

"每个人都是从这个阶段过来的，你研究生怎么了？现在社会上也不缺研究生。"听这口气，我也忍不住要反驳她。

"我不是针对你，就是对这份工作不满意。我就不信我不能凭能力找到适合自己的工作。"结束这次不愉快的谈话前，小芳信誓

13

旦旦地说。

眼下这样的就业形势，居然有人态度如此倨傲。

名校毕业、研究生学历，这样一手好牌，似乎应该在求职市场上畅通无阻，不缺少蜂拥而至的买家。

该醒醒啦！那个唯学历论的年代早就过去。再高的学历、再有名的学校，也只是一块敲门砖而已，只能代表过往的辉煌。当你跨出校门、走入社会的那一刻，这些辉煌已经成为过去，不能再以此沾沾自喜。

其实，新人们哪有什么骄傲的资本。你学的专业知识，早已远远落后于时代需求。进入职场，还有一个再学习的过程，公司要花费大量人力、物力、财力来培养你，才能把你从一个学生变成符合要求的员工。

忘记过往的成就，放低心态，一切从零开始对于新人来说非常重要。

新人们要少说话、多倾听，在上司和同事面前表现得更谦逊一点；新人们尽量避免抱怨，多做实事，让别人认可你的能力。遇到难度很小、带有重复性的工作，请放下抵触心理，更不要消极怠工。新人的一举一动，上司以及其他同事会特别关注。连这点没有技术含量的工作都做不好，怎么还奢望别人将重要的工作交给你？当初老员工们不也是从这个阶段走过来的吗？做好小事，通过入职初期的考验，才有机会接触更核心的工作。

2. 严格要求自己，尽快熟悉业务

与前面所说的自负心理相反，有一些新人把自己摆得特别低。

他们以菜鸟自居，对业务不熟悉，各方面都要好好学习，因此在掌握业务知识前，他们理直气壮地犯错误，犯了错误也不能被人指责，谁让咱是新人呢？

这个想法非常危险。

从来没有任何人具备犯错误的豁免权，就连新人也不例外。你是新人没错，犯错误的概率高也没错，但是这些因素不该成为你自我降低标准、获得别人谅解的挡箭牌。

犯错误，无论在新人阶段、还是在熟手阶段，都要竭尽所能避免发生。因为任何错误都可能对公司造成负面影响，只不过是影响大小的区别。新人经常犯错，难免给上司留下不好的印象，哪怕接下来你努力改正，这个印象也在上司头脑中扎根，短时间内很难消除，给你的职业生涯蒙上阴影。

为了不犯错或者少出差错，你对自己的要求就不能过低，哪怕对自己狠一点，也是为了将来的前途着想。就算其他新人偶尔"拉胯"，也不能成为你松懈的理由。这是你拉开与其他新手差距的机会，不要轻易放走这些机会。

不犯错误的基础，是熟练掌握业务知识以及公司组织规范流程。

业务知识就不用多说了，这些知识是你在此前课堂上无法习得的，必须通过入职后努力学习才能掌握。至于组织规范流程，不要视之为繁文缛节，对其嗤之以鼻。任何公司想要健康运营，一套规范完整的组织制度以及流程必不可少。掌握这套制度、流程，有助于你在今后顺利开展工作，与同事有效协作。

这个学习过程，与在学校时完全不同。当你还在学生阶段，学习是被动的，有老师在身边监督，学习内容也是事先设定好的。当你进入公司，学习是你个人主动的行为。不要指望别人来教你，更不要幻想有人在身边监督，一切都是自觉自愿地，是你在主观上想获取新知识、新技能。能学到什么程度，全凭你个人的造化和悟性。

另外，这个学习过程不单单停留在理论层面，而是理论与实践相结合，在学习中实践，在实践中学习，两者互相促进。因此，这样的学习与学校内的系统学习不同，非常零散、不成体系，需要你及时归纳总结，将其内化在自身的知识体系中。

我的师兄大卫有一个很好的习惯，从入职第一天开始就写详细的工作手札。这样的手札不用太多修辞描写，完全是对技能、干货等内容的叙述。工作十多年，大卫记录了厚厚十几本手札，他又通过笔记类 App 定期整理归纳，将零零散散的工作要点分门别类地归纳到各项工作中。时间久了，这些手札成为一笔难以估量的财富。随着笔记内容的丰富，大卫逐渐胜任各项工作，并在工作中独当一面，自然让其他竞争对手相形见绌。到这时候，想不升职加薪都难。

入职只是职业生涯的第一步，除了尽快忘记往日的辉煌，你还要着眼于未来，对自己严格要求，尽快熟悉业务，让别人忘记你还只是一个入职没多久的新人。

3. 养成良好的工作习惯

"工欲善其事，必先利其器。"想要做好一项工作，除了技能等硬实力作保证外，还要养成良好的工作习惯，才能让你的能力得到最大程度释放。

我认识一位在行业内颇有名气的讲师，公司曾好几次邀请他过来讲课。每次，他提前一刻钟到达现场，不像某些讲师，不到最后一刻见不到踪影。

有一次我问他："您这么有名气，为什么每次都这么早到呢？"

他带着淡淡的笑容对我说："这是我多年来养成的习惯。别人请我来上课，就是购买我的时间。既然如此，我就要以最好的状态迎接后面的课程。早一点到，我能调整心情，顺便整理一下自己的妆容，不至于显得慌乱。"

这位讲师有一个很好的职业习惯："**守时。**"

时间观念，是上班族非常重要的职业修养。任凭你是达官贵人，还是无名之辈，每天的时间只有24小时、1440分钟，不会因为身份不同而多出一分钟。

因此，每个人的时间都是极其珍贵的。浪费时间是对别人最大的不尊重，也会影响工作正常开展。

工作中的每个环节，都要紧绷时间这根弦。无论是上下班时间、开会时间、与客户约定的时间，最好严格遵守事先的约定，不要因为主观原因或者客观因素耽误别人的时间。

除了养成守时的观念，有明确的职业目标、及时总结复盘也是良好工作习惯的一部分。

有位小师妹最近入职一家情感咨询公司，老板要求她制订年度计划、月度计划和周计划。她对我抱怨说，我对工作还两眼一抹黑，怎么制订这么繁复的计划？再者计划赶不上变化，有必要把时间浪费在这个上面吗？

我给小师妹上了一课，让她意识到定期制订工作目标的必要性。听完我的话，小师妹对老板的怨愤消失，还对老板的决定心存感激。

一个没有工作计划的上班族，就如同一艘在海洋上迷失方向的航船。可能有人说，执行好上司的指令不就行了，你又不是决策者，操那么多心干吗呢？

这话非常荒唐。执行上级指令没错，但是你不可能一辈子都做执行者吧。既然某一天要承担更大的职责，有必要从现在开始就为这个宏大的目标做准备。就算通过努力无法达成梦想，至少你也努力过，问心无愧。工作计划，就是帮助你靠近目标的途径。有了目标，你至少不会在一天下班后，不知道自己这一天究竟在忙什么。

光有计划还不成，执行过程中的总结、思考同样重要。计划难免出现偏差，有必要在一天工作后以及完成一阶段工作后，对自己的状况进行复盘分析，找出不足和差距。

好的习惯是工作效率的放大镜，新人必须尽快养成良好的工作习惯，否则随着年龄增大，改正不良习惯的成本就越高。

4. 主动融入，与上司、同事建立和谐的工作关系

迅速进入岗位角色，还要处理好与上司、同事的关系。

与上司的关系，直接关乎新人在职场上的命运。想要搞好与上司的关系，积极主动地与其沟通必不可少。每当上司交办工作任务时，务必弄清楚后再执行，遇到特别复杂的内容，更是要反复确认内容。不要不好意思，将确认、询问当成自己无能的表现。要知道上司也愿意与下属沟通，这样的沟通更有利于工作的贯彻执行。

工作执行到一定阶段，需要向上司汇报进度，让上司时刻掌握

工作进度。汇报是与上司沟通最主要的方式，总不能没事就往上司的办公室跑，与上司闲聊与工作无关的事务，那样会给上司留下不好的印象。汇报不用面面俱到，选择最重要的内容、条理清晰地汇报，一方面展现出自己专业的职业素养，另一方面节约上司宝贵的时间。

除了上司，一个团队中的其他同事们也是需要你花费心思去搞好关系的。当然，这里说的"搞关系"，不是让你走歪门邪道，而是让你与同事们建立彼此信任、协作的关系。

首先，搞好与同事的关系，要发现同事身上的闪光点。 每个人身上都有与他人不同的特质，这类特质等待我们去捕捉；只有捕捉到了，与同事交往、开展合作的意愿才会更强。可以利用一些非正式场合，主动与同事们交流，熟悉他们的性格与做事方式，也让他们认可你的为人。

其次，要注意适度收敛自己的个性，过强的个性不利于融入环境。 特别是新人，本来就没有让别人信服的地方，再有脾气和锋芒，势必引起同事的不满。

遇到别人需要帮忙，只要不耽误自己的本职工作，还是尽量给予方便，这样更容易拉近你与同事的心理距离。

最后，搞好与同事的关系，还要学会感恩。 职场上，谁也没有义务教你技能，然而你的同事愿意做这类分外之事，你怎能不带有一份感激之情？对别人的帮助说一声"谢谢"，让别人感受到你对他的尊重，别人也更愿意与懂得感恩、情商高的伙伴合作，有利于建立良好的人缘。

迅速进入岗位角色，是每个新人必须追逐的目标。尽快缩短这个适应期，让自己步入正轨，你将在职场竞争中占据更有利的态势。

刚入职，应不应该表现得很优秀

1. 渴望出跳的小A

小A毕业于一所名校。这两年的就业形势严峻，从求职季开始她便海量投放简历，结果始终令她失望。临近毕业前一个月，她无意间瞥见一家公司的招聘启事。即使这份月收入税后不到5000元的工作，依然吸引了不少竞争者。好在这次，她未让机会从身边溜走。

上班第一个月，小A的心里憋着一股劲，想在领导和同事面前好好表现，让大家迅速了解她的优秀之处。她详细阅览了公司内网的文件资料，了解近年来的业务、运营情况，既包括产品销售、研发、推广等环节，也包括公司组织机构运行等情况。

做了大量前期准备工作后，小A决定针对公司运营的不足之处提出建议，空白的文档上留下了一行行数据翔实、有针对性的文字。洋洋洒洒近万字，小A列举了公司管理诸多亟待改善的地方，比如很多管理制度停留在纸面上，未能落到实处，操作过程中主观性、随意性很强，无法发挥制度约束员工行为的作用。

在产品研发以及推广方面，小A认为公司的表现过于谨慎保守。市场瞬息万变，尤其在这个技术发展日新月异、产品迭代速度加快的时代，过于谨小慎微，不利于公司在未来发展中占据市场主导地位。她建议加大研发经费比例，加大新产品的推广力度，不要停留在舒适圈内裹足不前。

电脑关机的音乐响起，窗外东边的天空已悄然吐白。

周一的工作例会上，小A迫不及待地抛出辛苦一个星期的成果。她说话很直接，表示自己绝不是给上司添堵，写下这篇"万言书"是为了公司更好地发展，希望建议能被采纳。

其他同事窃窃私语，上司的脸色也不好看。这个40岁不到的男人有一定的城府和气度，不至于当着很多人的面表露真实想法。

时间一天天过去，小A依旧没有得到上司的明确答复。这个方案到底是被采纳还是被否决了？小A对此忐忑不安。

她受不了这样的煎熬，某天早上刚上班就到上司办公室询问情况。

上司当然不能打击小姑娘的积极性，肯定了她为公司发展花了心思，这点是值得鼓励的。小A提的一些建议，不是上司一个人就能拍板决定的。正如小A在报告中所言，公司有各项规章制度，他必须向上级反映情况，由更高的决策层来定夺，因此不可能马上给出具体的答复意见。

小A有点失落，这话听上去有点搪塞自己的味道。她不能戳破上司的真实意图，表示自己作为新人，很希望接受更多挑战，希望上司能把更加艰巨的任务交给自己。

上司答应得很敷衍，小A走出办公室的脚步显得有点沉重。

此后，她又多次向上司表达出同样的意愿，依然是办公室中给别人打下手的角色。

小A决定主动出击,"抢夺"别人的客户资源或者工作任务,当然她在名义上是帮忙。渐渐地,她发觉别人看她的脸色都不那么友善。

一年过去,小A的处境愈发不妙,不得不跳槽去了另外一家公司。

2. 没必要急着展示全部才华

不是说要尽量在第一时间就给别人留下良好的印象吗?

职场新人都有这样的焦虑情绪:生怕自己动作慢了半拍,在别人的印象系统中留下污点,让职业生涯蒙上阴影。毕竟这年头工作本来就不好找,好不容易找到要好好珍惜。新人们本来处于"职场食物链"的底端,可替代性很强,你干不好,还有很多人能干。

因此,新人们都想在刚开始时就表现得特别优秀。

上文中的小A,不仅没有因为积极主动的表现收获应有的回报,反而让自己陷入困境。难道表现积极、优秀的做法错了?

《三国演义》中有句话让读者记忆犹新:"卧龙与凤雏,得一人可安天下。"卧龙先生,这位刘皇叔三顾茅庐不辞辛劳,亲自"面试"这位隐居在卧龙岗的贤士。诸葛亮真够沉得住气,前两次很可能就在家中,故意躲起来不让刘备见到。有人可能要说了,这老板亲自登门招贤纳士,躲着不出来,就不怕老板一生气走了?

人家诸葛亮正是看透刘备求贤若渴的心理,玩了这么一出"饥饿营销"。到了第三次,诸葛亮终于千呼万唤始出来,不急于马上展示自己"经天纬地之才、安邦定国之策",而是先做了一番天下形势分析。这样客观详实的研究报告,不显山不露水,没有一句吹嘘自己的话，让刘备深刻地感受到眼前的卧龙先生深不可测。他在最后才抛出隆中对，这个战略决策让刘备放心地将蜀国军政大权交到诸葛亮手中。

说完了卧龙先生，让我们再看看凤雏先生。

这位凤雏先生长得有点砢碜，从颜值上来说实在不敢恭维。他本以为靠着赤壁大战中的连环计，可以在孙权这边谋得要职。可是，孙仲谋见到这位"丑男"，心中不悦，庞统依旧是白丁身份。不得已，他投靠到处在"创业阶段"的刘备阵营，希望在这家"初创公司"大展拳脚。

刘备也是以貌取人，只安排庞统当了耒阳县令。

庞统本可以拿出诸葛亮的推荐信，毕竟这位诸葛先生在刘备心目中有着不可替代的位置。可是，他做出了令人瞠目结舌的决定：将推荐信暂时藏起来，故意荒废县里的事务。

张飞巡视到耒阳县，县令居然擅自离岗，他正欲发作，庞统不紧不慢地走上大堂。当着张飞的面，庞统快刀斩乱麻地处理积压多日的公务，条理清晰，只用了不到半天时间。

这样高效率的办事能力，为庞统赢得了副军师之职。

诸葛亮和庞统都是聪明人，他们没在一开始急于抖出全部才华，而是先摸清楚大老板刘备的心思，瞅准时机露一手，让自己成为重臣。

3. 注意观察环境，伺机而动

这段历史经验，完全可以迁移到职场上。作为职场新人，有的是时间展示才华。如何不让展示在他人眼中变成卖弄？时机就非常重要，用错了时间、地点，只会适得其反。

不要急于表现自己，而是先观察周围环境。

刚来到一家公司，对公司的环境和人员不是很熟悉，需要有一个观察、了解的过程。这时贸然在别人面前献殷勤，在别人面前表现自己很有能耐，可能会引起别人的羡慕和嫉妒。

如果在整体企业文化比较活跃的公司，行动上可以稍微大胆一些，积极和上司、同事交流沟通，逐渐展示自己的能力，在一次次协作中建立彼此之间的信任和好感。

反之，更需要你以静制动，不要贸然显露自己多么有能耐。因为你的张扬，很可能成为众矢之的。等待一个适当的机会，用合理的方式向别人展现自己。

锋芒毕露是一杯毒酒。 哪怕你在初始阶段如鱼得水，也不要被一时的顺利冲昏头脑。没有人喜欢别人在自己面前锋芒毕露，特别是与你有直接利害关系的同事。

就算是你的顶头上司，也不喜欢一个能力超强的下属。他会感受到威胁和压力，你这么能干事，岂不是有取而代之的趋势？为了将这种趋势扼杀在摇篮中，他只好让你的前程蒙上阴影。

退一万步讲，你遇上了宽宏大量的上司和同事，他们本来就能力出众，你这点星光不足以遮掩他们头顶上的光环。但是过早展现出能力，容易出现"高开低走"的走势。

受制于工作年限，你的能力不可能出众。你在刚入职时展示出不俗的实力，让别人对你产生很高的预期，以后低于这个预期，他们会在心中悄悄给你减分。

4. 不要过分张扬，搞清楚自身优劣势

低调做人、做事，不要过分张扬、强调自己，是每个职场新人需要学会的第一课。

哪怕某项工作任务的大部分功劳记在你身上，也不能在台面上独揽功劳，更不能翘尾巴、飘飘然。特别是对待上级的肯定和称赞，要学会借花献佛。

比如你可以客气地说："这次能获得成功，离不开大家的支持和帮助，否则事情也不会这么顺利。谢谢大家。"

尽管这么说有点违心，却能赢得别人的好感。上司会觉得你成熟稳重，有强烈的团队协作意识，可堪大任。同事们会觉得你这个人够意思，不会产生嫉妒心理，背地里攻击你的概率大大降低。

还要学会利益共享，千万不要独吞收益。你愿意和他人共富贵，别人在你危难的时候也会伸出援手。大家记得你的好，记得你的大度与豁达。

平时多学习赞美别人，和别人交流时最好报以微笑。伸手不打笑脸人，你对别人微笑，别人也不好意思为难你，哪怕你在某些方面有点小过失。微笑能带给别人正能量，任何人都希望与具有正能量的人为伍，这样日子才能充满阳光。

哪怕出现你表现的时机，你也要搞清楚自己的长处与短处，哪些可以做，哪些不可以做。

对于你擅长的、感兴趣的领域，你积极主动地去表现，取得较好效果的概率很大；而你感到陌生、觉得乏味的领域，你去掺和反而会给别人添乱。这时候，最好不要强出头，过分勉强自己，即便你表现了也无法证明自己，只会给别人留下笑柄。

总的来说，在职场中恰如其分地表现自我是有必要的，但是一定要注意时机和场合，大大方方展示自己的闪光点，为自己的未来加分。

| 第二章 |

做好手头工作,才是立足职场的根本

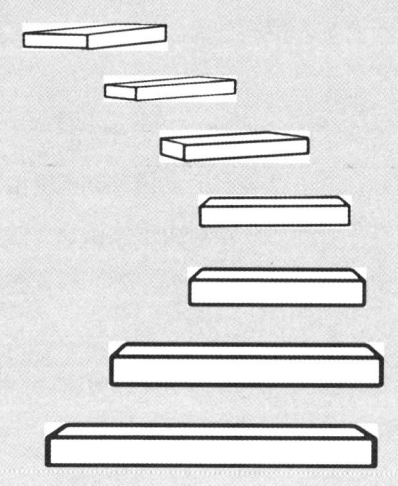

有些工作，不是单纯调整心态就能做好

1. 我怎么可以讨厌这份工作

身边不少人持有这种观点：无论工作还是生活，好心态是克服暂时的困难、迎来曙光和希望的良方。

然而调整好心态，就能保证你做好手头的工作吗？

高中同学小K大学毕业后进入一家大型国有控股银行，主要负责后台的管理和维护。她不必面对柜面外客户的刁难，不必整天"噼里啪啦"地处理各种业务，更不必为了账目上的问题加班到深夜。

手里端着"金饭碗"，小K却怎么也高兴不起来。

即便工作任务不多，上班八小时内，还是要一刻不离地待在岗位上。一旦有事，她必须在短时间内处理。由于涉及重要的数据资料，她的电脑不能连接外网，手机上网也受到限制。一天到晚，她只能对着这间沉闷的办公室发呆。

等到新鲜劲过去，上班就成为不得不忍受的煎熬。每天一大早，她就期盼下班铃声美妙地响起，那是一天中最美妙的时刻。

每天深夜，她都在心里指责自己：怎么可以讨厌这份工作？

小K不敢辞职，这份工作在她眼里性价比超高。同学聚会中，

其他人大叹苦经：他们为某个订单、合同睡不着觉，不得不面对老板和客户们的臭脸，还要在一个个饭局中喝酒喝到吐；就算这样拼命，还不能保证能否过了年底的"鬼门关"，一旦在年终KPI考核中垫底，难逃被淘汰的命运。

相比这些同学，小K觉得自己无疑是幸运儿。她不必这么低声下气，年底没有硬性的业绩指标。至于工作量吧，她连别人的零头都不到，根本不会透支自己的身体。再者银行后台的职位在外人眼中还是非常体面的。

失去这份工作，她真不敢说还能找到性价比差不多的职位。

既然不能辞职，只好想办法调整心态。她找来一堆情绪管理的书籍，照着书中的方法控制日益滋生的负面情绪。

她对自己说，要学会知足，天底下没有十全十美的工作，从古到今乃至未来都不会有。她逼迫自己对工作多一份乐观，少一点埋怨，试图用心理暗示的方式，改变对工作的认知态度。

办法学了不少，在实践层面却收效甚微。小K始终无法消除抵触情绪，最终在工作中犯下一个又一个错误。

她不断被上司斥责，只能继续给自己"打鸡血"。没有目标和方向的"鸡血"，不过是对自己的欺骗，仿佛一只受了惊吓的鸵鸟，将头深深埋到沙子里。

闹到最后，小K被家人送去心理咨询，被诊断出有轻度抑郁症。好在干预及时，还有治愈的可能性。

2. 假装调整心态，只是压抑内心真实的感受

与小K类似，我也曾逼迫自己调整工作心态。

我的性格内向，高考时遵循父母的意愿，填报一所211高校的新闻专业。谁能想到一个和陌生人说话都磕绊的人，还能胜任新闻工作？

毕业时我决定挑战自己的性格，拒绝那些适合我的录取通知，我选择了一份成天需要在外面跑业务、见客户的销售工作。

我这么想：不可以一直闷下去！内向的性格肯定要在社会上吃亏。不如借着工作的机会，以毒攻毒，克服性格上的弱点。

我对内向的性格"宣战"，憧憬自己在陌生人面前口若悬河。因为身边有这样好口才的人，他们在不同正式场合的风采不断刺激着我的神经。凭什么人家能做到，我就只能认怂？

入职第一天，就是我噩梦般的开始。

和小K差不多，我同样找来一堆谈话技巧类书籍。这些书可以帮助我克服面对陌生人的紧张情绪，找到与他人交流的最佳途径。经过一段时间的打磨，我逐渐变成一个能说会道的人。

改变似乎在发生，我至少不再是那个见到生人就害羞的人。

但是，我的内心陷入迷茫。夜晚躺在床上，我会问自己：这是我想要的生活吗？成天和不同人打交道，说着各种违心的套话，甚至是空话、假话，我觉得自己正在变成一个让自己都讨厌的人。

随后，我尝试各种方法去释放情绪，尽力去挖掘这份工作的前途和价值。但是，即便能一时说服自己，我还是越来越感觉到不该继续在这个领域待下去。

我想回到习惯的范围内。重新拿起笔，重新面对文字，我的心渐渐平静下来。

原来，我的归属在这里。

在错误的领域，即便你说服自己爱上它、接受它，不过是压抑自己内心的真实感受，如同一只弹簧，按压得越深，反弹的幅度也越大。

越是压抑真实感受，对自己带来的伤害越大。

3. 你在工作中到底追求什么

上面事例中的我和小K，之所以会陷入调整心态后工作依旧无法做好的怪圈，很大程度上没有搞清楚一个问题：我到底在工作中追求什么？

一个人的职业生涯长达几十年，如果不清楚想从工作中获取什么价值，很可能在忙忙碌碌中迷失方向。要知道，任何一份工作都有枯燥的时候，即便是创造性再强的工作。

这个时候，厌烦情绪自然会产生。通过某种方式控制情绪，不从根本上解决问题，情绪控制只能治标而不能治本。潜意识会时不时从"后台"蹦出来，用另外一种方式表达出对手头这份工作的抗拒，比如拖延、犯莫名其妙的低级错误。

情绪和心态很重要，不过这是建立在选对大方向的基础上。如果一开始就错了，调整好心态无助于你远离恶性怪圈。

所以，你要清楚自己想从工作中收获什么。解答这个问题，要结合你的性格、兴趣和能力专长。

这份工作必须是你愿意全身心投入的。之所以会全身心投入，因为这份工作可以满足你的成就感、价值感，不断帮助你去追逐新的目标。如果手头的工作和你的兴趣点、爱好大相径庭，无法满足你的自我成就感，即便能让你衣食无忧，也无法让你在这条路上长久地走下去。

心中产生负面情绪时，先别急着调整心态，而要在心里问自己一个问题：你究竟在工作中追求什么？

通过全面分析和判断，才能找到适合你、让你感兴趣、愿意全情投入的工作。做出这个研判，远比单纯调整心态要来得更有效。

4. 别用调整心态麻痹自己，找到不让你心累的工作

工作中产生厌烦心理，这是一个值得注意的信号。它提示你在工作中遇到阻碍，也许这个阻碍可以通过努力克服，也许不行。

如果是后者，单纯调整情绪只会让内心更疲惫。在工作中，生理上疲劳不可怕，最怕的是心累。

这是一位学长的经历。他晋升为管理者时，内心忐忑不安：做普通员工已经非常疲惫，做领导岂不是没日没夜？

事实颠覆了他这个想法。组建一家分公司千头万绪，不过学长发现自己很开心，因为他的努力换来显著的成果。这家分公司初具规模，一支有战斗力的团队被他一手打造起来。

在这个无比辛苦的过程中，他学到了很多东西，战胜了内心的畏惧。

学长的事例说明：真正适合自己的、能产生价值感的工作，内心一定是非常愉悦的。即便工作辛苦，也能让人的精神状态积极向上，根本不需要去刻意调整心态。

当然，这只是一种理想的状态，只是我们力图能达到的目标。

不过，别用调整心态麻痹自己、欺骗自己。如果工作带给你的只有沮丧、无奈、埋怨、愤怒，还请反思工作本身对自己是否

适合。

心态只是做好工作的基本条件，还有很多主客观因素，决定你在职场中是否顺畅。有些工作，不是你调整心态就能做好的。

职场中的"突然袭击"，怎么破

1. 明明是你没有说清楚，怎么还怨我

作为一家设计公司的员工，小雯加班熬夜的频率和强度可以与四大会计师事务所媲美。最近刚换老板，新官上任三把火，她不得不在工作中更多一份小心。

几天前经理交给小雯一个项目，没讲明交草图的时间。小雯手上还有其他几个项目火烧眉毛，截止期都在最近几天。按照"轻重缓急"的习惯，她将这项新任务列入不紧急的工作计划。

当然，小雯也没有彻底荒废这项新任务，只要有空就思考如何完成新任务。四天后，这个项目草图画完三分之二，小雯准备利用周末完成全部绘图。

周五下班前，经理脸色铁青、心急火燎地来到小雯身边。她直接问小雯要图纸，第二天下午他要使用。小雯当即蒙了，假如提前得知这个时间点，她绝不会慢慢悠悠地执行任务。

经理不假思索地蹦出一些难听的话，什么懒惰、磨洋工、不思进取，再这样就卷铺盖走人……

小雯真想顶撞一句:"你当时没说时间,搞突然袭击是什么道理?"她终究没这个胆量,只好将苦水往肚里咽。

"明天中午前要拿到成稿,画不完别给我离开办公室。"

小雯只好取消约会计划,哪怕电话那头的男朋友非常不乐意。

这个晚上,小雯几乎没有休息,一直加班到第二天早上九点多,终于成功击退这次"突然袭击"。

直到过去很长时间,当时的场景还历历在目。

职场"突然袭击",是指某项工作不在计划中,上司逼迫你在短时间内完成。意外性、紧迫性,让遭受到"袭击"的人手足无措,极其考验一个人的应变能力。

2. 努力克制抱怨等负面心理

除了造成慌乱,"突然袭击"会引发什么情绪?没错,就是抱怨等负面情绪。

朋友小A就因为抱怨丢了前途。作为国企某部门总监的秘书,除了为上司安排好行程,剩下就是准备讲话稿等文字材料。

作为中文系高才生,对付这些套路满满的文章如同砍瓜切菜。除了起初写稿子,上司还要在字里行间留下批注,随后他逐渐找到规律,形成不同类型讲话稿的模板,后面照这个模板依葫芦画瓢,上司对他的修改意见越来越少。

半年多来,上司对小A的工作非常满意。这位上司随后调走了,从其他地方平调过来一位接替前任的位置。

十一长假结束,上班的第一天,这个新上司突然让他紧急赶出来一篇讲话稿。临近下班时间,这个讲话稿牵扯到小A不熟悉的领域，要去一些部门索要资料才可以动笔。对方显得不耐烦，毕竟这个意外任务耽误人家正常下班。

这边还没拿到材料，上司就在内线电话里特别交代：稿子一定要写出新意，不能重复以前的论调，这是公司高层的要求。

好不容易要到资料，时间已过晚上七点。以前，小A会在一周前接到写作任务，由于准备时间充裕，稿件质量也有保证。现在这样赶鸭子上架，还不能照着模板不动脑子地操作，让小A出了一身汗。

好不容易熬出第一稿，上司眉头紧锁，对这篇稿子非常不满意。先后改了三次，最后上司把稿件重重地往办公桌上一摔："你回去吧，我来弄。"

估计老上司对新上司有过交代，对小A的表现大加赞赏。新上司原本准备提拔小A当主管，不过这次紧急任务之后，他把升职的想法压下了。

上司的态度为什么会有如此巨大的转变？除了小A的稿件质量不好，还有他在朋友圈发的吐槽被上司看到。

小A接到这项突发任务，以极不愉快的心情执行，心里不停抱怨。他无法克制负面情绪，还在微信朋友圈宣泄。这种带有非理性情绪的文字被上司看到，那还得了？没能力还能培养，这种消极态度就属于不可忍耐的范畴了。

小A带着抱怨情绪工作，势必会影响注意力和工作效率。抱怨情绪中潜藏着抗拒心理，抱怨时会在潜意识中产生"不想做这项工作"的想法。这种情绪很可能阻碍你顺利完成任务。

抱怨是"稳赔不赚"的买卖，不仅无助于正确应对突发情况，更

不能让你找到处理问题的正确路径。

3. 接受现实，将注意力聚焦工作本身

为什么人在遇到职场"突然袭击"会抱怨、会愤怒？这和一个人对周围环境的控制欲望有关。

畅销书作家武志红在《每一种孤独都有陪伴》一书中写道："一个人在某个环境中越觉得自己有掌控感，他的控制欲望就会越强，控制感被破坏后，他的反应也会越强烈。"

控制感可以帮助我们应对正常的工作节奏，在非正常情况下却会成为阻挠因素。因为我们总是依据过去形成的逻辑来判断当下的事情，无法正确看待当下的情形。

究竟该如何应对"突然袭击"？一句话，接受现实，顺势而为。

先接受"突然袭击"，尽管这是一个调皮捣蛋、让你的工作陷入混乱的"熊孩子"。不要指责它、谩骂它，它是我们工作生活的一部分。

换一种看待"突然袭击"的方式，你的心态会平和很多。

随后将注意力聚焦在工作本身，去除工作之外的杂念，工作效率会提升很多。

假如还会产生杂念，不要刻意压制，先让工作停下来，让这些念头如同肥皂泡一样逐一飘过脑海。一段时间后，你的意识层面就会被过滤得非常纯净。

接受现实，将注意力聚焦工作本身，用积极状态应对突发情况，思维能量不会无谓损耗，解决问题的办法也不会离你很远。

4. 不要陷入孤军奋战的境地，懂得婉转示弱

有些情况下，职场"突然袭击"确实超出能力范围。这时候，是选择继续负隅顽抗，还是婉转地向上司说明情况？

很多人害怕展露自身能力不足，会给上司留下不好的印象，宁愿死扛下去，最终让上司更加不喜欢你。

无法立刻处理该紧急事务，务必告知对方，让对方立即另找别人或另想办法。懂得婉转示弱，也是"职场高情商"的表现。

因为及时示弱，别人会降低对你的期望值。期望值降低，在你无法完成任务时，不良的情绪反应也会下降许多。千万不要答应下来却拖着不办，误人误己。

这种示弱也是讲艺术的。你可以详细讲述自己做出的努力，多列举事实和数据，少讲个人主观判断的评价。这么做是让上司明白：你不是在推脱责任、不想干活，这项任务完全超出你的能力。

一篇小说中这样写道："不愿示弱的所谓强者，即便拥有了强壮的体魄，内心仍极度脆弱，脆弱到他害怕示弱与自嘲，害怕失去众人对自己的畏惧，从而削弱自身的实力。"

有时候，学会示弱并没有什么不好，越是固执伪装坚强，给自己披上坚硬的外壳，越是容易吃亏。

人的能力都有局限性，再强大的人亦是如此。与其让自己背上沉重的负担，最终依旧走向失败，还不如早一点表达出来。

职场"突然袭击"确实不易处理，不过对它并非毫无办法。只要应对得当，少一点埋怨和戾气，多一分接受和智慧，就可以磨砺出彪悍的职场竞争力。

准备休假,突然被塞了一堆工作,怎么办

1. 假期总被老板打断

最近听到一位小师妹的吐槽。

为了完成接二连三的工作任务,在大半年的时间内小A都是单休,就连十一黄金周、农历新年等法定假期,她都在办公室里度过。

人是喜欢比较的动物,小A当然也不例外。正当她在办公室里聚精会神地对着电脑屏幕上枯燥乏味的文字时,别人却利用节假日享受工作之外惬意的生活。她的闺蜜们不是没有邀请过她,每次邀约都在紧迫的工作任务下黯然"离场"。

小A只能羡慕地浏览闺蜜们朋友圈的照片。

她们或者刚在商场内"血拼",狂刷支付宝、信用卡,用这样狂野粗暴的方式宣泄平日里压抑的情绪。手中的大包小包,就是这场"血拼"的战利品。

她们或者身处某个4A、5A级风景区,哪怕为了抢到这个最佳的拍照位置,等候时间足足有几个小时,只为在镜头前留下青春靓丽的身影。

又或者,她们牵着心爱之人的手,徜徉在热闹喧嚣的大街上。肚子饿了,男朋友会跑进奶茶店、路边的甜品店,不一会儿女孩们

的手中，多了一杯香浓可口的奶茶以及甜腻的小蛋糕……

这些照片都有一个共同点，就是主人公的脸上都带着如沐春风般的笑容，这笑容发自内心，绝非矫揉造作。

小A的内心开始波动，敲击键盘的手指也不再那么利落。

有多久没有好好享受生活了？别人与男朋友花前月下，享受爱情的甜蜜，她呢？这样累死累活，究竟是为了什么？工作挣更多的钱，不正是为了获得更理想的生活？钱，她挣到了，可是连花的时间都没有。

拉开办公桌的抽屉，角落里堆放着厚厚一沓调休单，这是她此前放弃很多假期的杰作。

老板终于在这个长达21天的假期申请单上签字了，尽管脸上的表情不那么自然。

小A开始筹划这次西藏之行。她很早就想去雪域高原，这片神奇的土地能起到荡涤心灵的效果。

旅行攻略做了很多，机票都买好了，老板的电话也来了。

老板略带歉意地对她说："客户要得非常急，可能等不及你休假结束赶回来上班。这笔单子都是你全程跟着的，别人这时候进来不能立即上手，只能让你暂时放弃休假。等到完成这单业务，我再把假期补给你。至于机票、酒店等前期产生的费用，公司愿意全部赔付，这点你不用担心。"

都说到这个份儿上，小A还能说什么？她只好退掉机票、酒店，把这个"高原旅行梦"往后顺延。

这单业务完成后，小A的休息时间比以前更少，连每周一天的假期都很难保住。最忙的一次，她整整一个月没休息。钱赚了很多，小Ａ却一点也不高兴。

她想好好休息，无论如何这个"十一假期"，她一定要登上飞往拉萨的航班。签署休假申请单时，老板曾许诺过不再临时叫停她的旅行。但是就在假期开始的前一天，老板竟又给她布置任务。

这次，她没有控制住情绪，顶了老板一句。哪怕后面几天被迫在办公室加班，她的态度也非常消极。

此后，小Ａ发觉老板对自己不再器重。念及过往，小Ａ不禁愤懑不已。

2. 拒绝还是接受？不是"是"与"不是"这么简单

小Ａ的遭遇很值得同情，毕竟每个劳动者的休息权在法律条文中写得很清楚，应该得到充分保障。就算是冷冰冰的机器，到了一定时间尚且需要保养，更何况是血肉之躯，长时间超负荷工作，身体机能肯定要出问题。

在现实生活中，我们不得不忍受老板提出的加班要求。平时加点班，咱也就忍了，好不容易熬到休假时间，特别是国家法定假日，比如春节、劳动节、国庆节、清明节、端午节等，别人可以放下手头工作，饱览祖国的大好河山，而你依然在办公室忙碌，这种"不患寡而患不均"的落差感，进一步加剧了对加班的抵触情绪。

不愿意加班，人之常情，毕竟老板用工资买了你"朝九晚五"的时间，可不包括下班后的业余时间。

然而老板就是这么干了，偏偏在节假日到来时给你布置一通任务。接受这通任务，意味着假期泡汤，心里非常不爽；不接受，老板肯定记着这茬，以后可能遭到清算。

那么，是接受还是拒绝呢？

这个问题，不是随随便便回答"是"或者"不是"这么简单。

首先，要区分不同公司的实际情况。

每个公司都有自己的企业文化，这种文化是公司成立以来逐渐形成的。大部分外资企业受到西方文化的影响比较多，对包括员工的休息权在内的基本权利比较尊重和保护。这种情况下，只要不是特别紧急的任务，可以继续休假，回来时与上司解释一番即可。

但是在私企中，休息权得到的重视就很不够。特别是成立不久的创业型公司，就连老板本人都没日没夜地留在办公室，身为员工，你还好意思提休假吗？初创公司就是一艘小船，不拼命滑动船桨、奋力搏击，很可能被市场的浪潮掀翻。至于那些初具规模的私企，也是从这个阶段走过来的，这种没日没夜连续奋战的精神，可能早已刻入老板以及员工的骨髓中。

假如进入这样的环境，别人都在忙碌不已，你却鹤立鸡群地提出休假，觉得合适吗？

有些公司就是推崇加班文化、狼性文化，喜欢模糊工作与生活的界限。选择成为这种公司的员工，本来就是你自己的选择。如果你觉得不满意，大可以选择离开。

其次，要分析是不是属于你分内的工作。

每个人入职时，大多数情况下会拿到一份岗位责任书，上面详细列举出你的职位对应的岗位职责要求。可能随着工作开展，实际工作与这份责任书有一定的出入，不过你应该明晰分内、分外工作之间的界线。

有了这根红线，应对休假时的突发工作时，你就有了一条准绳。

假如这些突发工作属于你的分内工作，那么你别无选择。就算你现在不做，将来也得做。该你干的活儿就该干完，不能因为休假耽误工作的正常开展。

假如这些工作不在职责范围内，最好观察一下周围环境的情况。假如这段时间公司里的事情特别多，别人忙得恨不得多生出两只手，腾不出时间来做这项不属于你的工作，这时候上司找你干也无可厚非。

你多做一点，就能帮助别人减轻一点工作压力。多干一点，显得你有大局观，这样的付出，上司和同事都会看在眼里，这也是你今后提出休假、获取别人帮助的筹码。

假如这不是你职责所在的工作，公司里其他人也不是忙到腾不出手的地步，领导还在你休假这个节骨眼上把工作担子压到你身上，那么你就有了争取一下的可能性。如果选择干，就不要生闷气，既然你都答应了，生闷气只会打消别人对你产生的好感；如果选择不干，尽量使用婉转的语气，表示自己这段时间工作压力特别大，确实需要一次假期放松自己的身心。

3. 是否愿意承担拒绝的后果

要看任务的紧急程度。

客户就是上帝，任何公司都将客户放在最重要的位置上。只有服务好客户，让他们获得最佳的体验感，才能增强客户对公司的黏性，提高对企业的忠诚度。有时候，客户确实要得很急，给出完成任务的时间非常紧张，又不巧正好踩到你的假期。

尽管这种情况确实让人无奈，但是身为职场人，必须做好随时待命的准备,这是最基本的职业素养。

这种情况发生的频率可高可低,确实是公司有紧急情况需要协助,准备休假的你最好能积极配合。

如果是上司刻意刁难或者同事拖延导致工作积压等情况,就要学会有理有节地拒绝,以免陷入这种恶性循环。

拒绝的后果你是否愿意承担?

很多人明明内心非常抗拒这堆突然而至的工作,却又不得不终止规划好的假期,其实是担心得罪上司,害怕上司给自己"穿小鞋",担忧将来可能被裁员。这种忧虑非常正常,毕竟这年头工作不好找。

相比老员工,职场新人在拒绝上司要求这方面显得更战战兢兢。因为老员工对公司情况以及上司的特点很了解,更容易找到拒绝休假时加班的理由。他们在公司任劳任怨很多年,就连上司对他们的言行也更为宽容。

新人们进公司时间不长,人微言轻。在大多数管理者的思维中,年轻人精力充沛、活力无限,在任务分配时就该多干一点,管理者自己何尝不是从年轻人这个阶段走过来的?如果新人频频拒绝假日里加班,肯定不会给上司们留下好印象。

那么,你愿意承担让上司印象减分,继而影响到未来发展的后果吗?

有人愿意,有人不愿意。**是否愿意承担拒绝的后果,这背后体现着个人的选择。这个天平的两端,是要工作还是要生活?**

每个人的追求肯定大不相同,有些人希望在事业上大展宏图,他们肯定不能承受这样的后果。他们愿意放弃休息时间,换来上司对自己的认可。既然想着未来前途,那就不要在工作中产生抱怨等负面情绪。高兴也是干，不高兴也是干，还不如给自己一个好心情。

如果渴望享受高质量的生活，不希望工作与生活的界限模糊，那么拒绝就要趁早。你在开始时同意后来再拒绝，这种落差会让别人对你的负面想法增多。就算你勉强要求自己坚持下来，你内心的不情愿也会外显出来，不仅让自己活在痛苦中，别人也能看出你的真实意愿。工作干不好，生活质量也下降，两头都没有好结果。

4. 如何婉拒更为稳妥

说了这么多，最后谈谈如何拒绝上司的要求，让自己的假期得以延续。

首先，要有理有节地表明立场。

有时候，态度含糊不清，只会让上司误认为你愿意加班。既然想清楚要拒绝，那就说得明确一点，表明自身存在的困难，不要让上司觉得理所当然，更不要让他产生你表面上迎合、背后抱怨的感觉。

当然，说话不能让上司下不了台，让他觉得自己的权威在你面前不复存在，你可以用先肯定后否定的方式，表示自己主观上并不是想逃避、推托工作，确实存在客观上无法接手任务的原因，比如自己要学习、要给孩子过生日、需要照料身体不适的长辈等原因。这些理由会让上司有台阶下，不会过分为难你。

如果领导一定让你把工作带回去，你可以给出一个最终完成的时间，给对方吃下一颗"定心丸"。千万别流露出抱怨的情绪，"我很累，想休息"这样的理由缺乏说服力，还会给上司留下你不思进取的印象。

其次，要做好休假前的准备工作，注重在休假后联络感情。

取得上司的支持后，最好在休假前妥善安排好工作，比如在各工作群中告知大家，并明确期间各项工作的对接人，不能让工作进展因为你休假而耽误。

休假期间，也不要停止关注任何关于工作的信息。时间不需要很多，每天抽空看一下邮件或微信，花几分钟处理一下。

回去上班前，可以在景区当地或者从网上买点当地土特产，在自己所在的部门分发一下，既联络了与上司、同事的感情，又不招别人的埋怨。

最后，主动出击，勇于向上管理。

想要避免总是在休假前被上司安排工作，你需要学会向上管理。

平日里，你可以主动向上司询问是否有需要你配合的工作。如果做到这一点，上司还是经常在你休假前临时安排任务给你，只要不是特别紧急的任务，你可以向上司直接表明：下次再有工作任务，还请您提前告知，我一定在指定时间内完成。

假如这么做，上司还是不依不饶，那么是时候考虑更换工作了。

囧！被安排超出能力的工作

1. 哎呀，这工作超出了我的能力

莫莫入职这家国企已有大半年，平时跟在前辈身边打下手。她习惯某个项目由别人来把握大方向、搭好框架，由她来负责具体执行。

莫莫这个执行者当得不错，项目负责人交办的任务，她都能不折不扣地完成。

有一天，上司将莫莫叫进办公室，彻底打破了她习惯的工作模式。

这位上司问她：有没有信心接受挑战？这话问得非常突然，但是当着领导的面，她又不能说自己不行，只好硬着头皮回答"有信心"。

"很好！我就喜欢年轻人的冲劲儿。"上司对她点点头，随后说了挑战的具体内容。

当年六月，长三角中小科技型企业家论坛将在本地举办。这样大型会议的筹备，不可能由一两个人来完成。集团公司在半个月前成立会务组，对会议流程以及人员分工进行了细致划定。莫莫所在分公司分到场地联络以及与直播平台、新闻媒体沟通的任务。

本来是由带莫莫的张老师来负责这项工作，他是会议宣传联络组的组长。几天前，张老师的母亲突然在家中病倒，听说情况不是很乐观。上司让张老师推荐接替他的人选，他不假思索地说出了莫莫的名字。既然如此，上司决定替补莫莫这个新人，让她来负责这个组的工作。

听到这句话，莫莫感到既兴奋又有点紧张。兴奋的是带教老师对自己印象不错，一有机会就向上级推荐自己，说明此前自己任劳任怨地工作没有白费；紧张焦虑的原因是怀疑自己能否胜任这项工作。

她在心中暗暗掂量，觉得这项工作明显超出了自己的工作能力。

面对挑战，莫莫只能豁出去。

后面的事态发展果然如莫莫所料。张老师留下一个粗略的方案，但是方案上的文字不足以应对各类突发情况。联络场地与媒体，本身就要面对不断的变化。会议的内容及议程内容不断改变，莫莫必须在第一时间通知场地负责人以及新闻媒体。临近会议召开的那段日子，变化频率更高，常常这边刚放下电话，另一边又传来内容需要修改的消息。

除此之外，场地以及新闻媒体那边也会提出诉求。有时候，集团公司觉得这些诉求不妥当，碰到这种情况，莫莫就成为两头受气的"三夹板"。她只能尽力找出平衡点，尽力满足两方面的需求。

与外界沟通已经让莫莫焦头烂额，小组成员之间的关系同样让她不省心。长时间连续作战，是个人都会有点情绪问题。一旦工作中出现意见相左的情况，这种积压在内心的负面情绪就找到释放的理由。莫莫不得不充当起"救火队员"的角色，必须扑灭矛盾误会的火焰。

三个月过去，这项超出能力的工作让她有种身心俱疲的感觉。

终于到了会议召开的前一天晚上，她在床上辗转反侧，又不敢使用安眠药，生怕自己睡过头。

还好会议的各项流程运转得很顺利，莫莫总算交出了一份不错的答卷。

2. 超出能力的工作带来成长

被安排超出能力的工作，是每个人必然要经历的过程。

每份招聘启事上，清清楚楚地写着某个岗位的要求以及工作职责。然而任何一份劳动合同上都有这一项条款——完成领导交办的其他工作。

领导交办的其他工作模糊了职责范围内与职责范围外的界限，好像什么工作都能装进这个箩筐。面对这个看上去有点霸道的条款，任何人都没有提出异议的理由，似乎潜意识中大家都觉得这个很合理。

这项条款不是用来凑字数的，除了本职工作，每个人或多或少会承担一些其他工作内容，超出招聘启事以及劳动合同上写清楚的职责要求。当你第一次接触这些超出职责的工作时，你很可能缺少相关的工作经验和能力，这点对新人来说更为确定。

接手超出能力的工作，犹如被强行赶出"舒适圈"，你不得不面对各种挑战。挑战中的不确定性难免带来焦虑的感觉，你需要一个重新学习、适应的过程，过程中你手忙脚乱、状况不断，需要缴纳一定的"学费"才能进入角色。

这个过程有点痛苦，但带给你的好处也不言而喻。

首先，能带来个人成长。

一个人总是停留在熟悉的过程中，会束缚自己的成长空间。反正你的能力足以应对手头的工作，那按部就班地、机械地完成任务即可。时间久了，就会产生倦怠感和枯燥感，将你早先的激情和冲劲消磨得一干二净。

超出能力的工作如同一条闯入鱼缸的鲇鱼，你不得不重新精神起来，应对这突如其来的风险。你在这个过程中不断学习反思，思考自己工作中存在的短板和不足，补足木桶中的短板。大功告成之日，你会发现现在的自己与过去的自己有多么大的不同。人与人之间的巨大差距，往往就是在这些磨砺中拉开的。

其次，上司安排你做超出工作能力的工作是一种好的迹象，说明

上司对你充分信任，有更高的期待。

试想一个平日里吊儿郎当、不受上级喜欢的下属，只会被晾在一边自生自灭，哪有机会接受具有挑战性的任务。因为此前的工作可圈可点，上司觉得你是可塑之才，有进一步培养你的想法，才会这么安排。

不管到底是不是前面所说的这种情况，被安排超出能力的工作时，因为害怕能力不足而拒绝，或者表现出推三阻四的消极态度，都是非常不可取的做法。哪怕难度极大，也要迎着困难逆流而上。蹚过这个坎儿，你的未来会更加光明。

3. 面对超出能力的工作，信心是第一位的

接手超出能力的工作时，首要的是建立足够的信心。

信心是做好任何事情的基本保障。一个人对自己都没有信心，从主观上胆怯，就会在潜意识中表现出来，形成不必要的障碍。当然，挑战带来一点点焦虑的情绪很正常，就是工作多年的老手，也会为此忐忑不安。

但是你要明白，焦虑非但无助于解决问题，只会让你束手束脚。不妨放下过于患得患失的心态，尽量让自己处于相对放松的状态中。可以在心里悄悄给自己打气，相信自己能不辱使命、不负重托，乘风破浪抵达胜利的彼岸。

心理学上有一个"皮格马利翁效应"，起源于美国心理学家罗森塔尔做过的一个试验：罗森塔尔对一所小学中六个班级的学生成绩进行预测，并把他认为有发展潜力的学生名单通知校长和有关教师。实际上，这些名单是他任意填写的，根本不是依据学生真实的

学业水平和能力。几个月过去，名单上的学生成绩大幅度提高、性格开朗活泼、求知欲强，都变成了不折不扣的学霸。

原来，这些教师得到权威性的预测暗示后，对这些学生给予更多关注和赞美，即使他们犯了错误也报以宽容的态度。这种暗含的期待和信任，激发了这些学生好好学习的欲望。罗森塔尔将这种心理现象称为"皮格马利翁效应"，也叫"期望效应"，指个人的表现会受到其他人或者自己的暗示和影响，会成为我们自己或别人所希望成为的样子。

例如，你觉得自己会失败，那失败的可能性就会增大，反之亦然。

"皮格马利翁效应"可以用在自我暗示上。当我们暗示自己能胜任某项任务，可能结果真的会往好的方向发展。

除了在内心积极暗示自己，还可以通过听轻音乐、跑步运动等一系列方式，消耗自己的不良情绪，以最好的姿态应对挑战。

4. 制订方案目标，及时修正调整

面对超出能力的任务时，还要仔细分析工作内容，制订切实可行的目标、方案，并向上司确认。

接到工作任务时，不要急着撸起袖子狠命干，而是要先开动脑筋，做一个目标明确、步骤清晰的行动计划方案。形成这个方案前，你先要有一个虚心学习的过程，补充相关专业知识。通过调取文件、会议记录、与上级部门对接等方式搜集资料，明确工作中的重难点、工作完成中的重要时间节点以及目前存在哪些差距和障碍。

有了方案后，可以带着思路向上司确认这个方案的可行性。和上司沟通确认时，充分向对方展现你已有的成果，同时留有一些开

放性问题，比如您还有什么建议？您还有更成熟的方案吗？

除了确认方案的可行性，与上司沟通还有一个重要目的，就是给自己留一个后手。

对于没干过的活儿，你难免经验不足，考虑不到所有可能的情况。因此，必要时为自己争取一个"救生员"。这个"救生员"在你遇到难以克服的困难时发挥定海神针的作用，给出有针对性的建议。

在工作开展的过程中，需要根据实际情况对行动方案及时调整，对发现的问题第一时间进行处理。

在执行过程中，难免出现实际情况与目标出现偏差，越干越不知道怎么干下去的情况。此时需要的不是增加执行的力量，而是反思最初设定的目标。这时候，与上司保持联系，及时汇报工作进展。对于专业性强、难度大，确实凭自身努力无法短期解决的困难，需要向上司说明实际情况，请求领导给予支持，确保工作顺利开展。

被安排超出能力的工作，确实会在短时间内让你陷入手忙脚乱的境地。但是不要害怕困境，它是一个人获得成长必须经历的过程，通过自身努力克服困难，你会迎来更优秀的自己。

手头工作，不是做完就好了

1. 同样干好工作，为什么他能留下

几个月前，部门里来了两个应届大学毕业生小唐和小李。听老

板的意思，两个人只能留下一个。两个年轻人都很卖力，暗中较劲，都希望用努力把竞争对手挤下去。

三个月的试用期过去，小唐顺利转正，小李黯然离开。小唐性格外向，小李比较木讷，同事们背地议论，猜测造成两人迥然不同命运的原因。"又是老实人吃亏，被那个小唐钻了空子。""或许小唐家里有关系、有背景，小李干得再好也是白搭。"

对于这些议论，我不置可否。我不喜欢"阴谋说"，对于上司来说，肯定希望能留下合适的人才。当然小唐和小李能被招进公司，证明他们在能力上能够胜任这个岗位。为何是这个结果？肯定是在某个环节上划出了两人之间的分水岭。

我通过侧面了解到上司选择小唐的真实原因。小唐出生于普通工人家庭，要说背景和关系，几乎没有。至于他会"钻空子"，也只是说对了一半。

"钻空子"在很多人眼中是贬义词。但从另一个角度来说，是小唐的高情商，主要体现在他能经常与上司沟通，让上司随时掌握他的工作进度。

每当接到一项任务，他会酝酿出自己的方案。考虑得差不多了，就和上司沟通方案的可行性。

在具体操作过程中，他时刻沟通任务的进度。遇到那些不能一下子完成的任务，这样的沟通频次会很高。

完成一项任务，他同样会有一番总结，以及改进未来工作的想法。

面对这样一个肯和自己交流的员工，哪个上司会不喜欢？

2.别让上司交代的工作没有了下文

某些职场"葵花宝典"告诉我们：上司们大多工作很忙，对于一些细枝末节的工作，可以不必去"骚扰"他们。

一些职场前辈曾语重心长地对我说，管理者崇尚"抓大放小"，过分纠结在某些细节上可能会耽误他对全局的把握。当然，如果遇到那些喜欢控制下属的领导，你还是多汇报几次。可是长期在这样的上司手下工作，反倒会影响职业发展。因此，还是不必在和上司沟通时说那些小事。

真是这样吗？

这是我一个朋友的真实经历。他在一家公司总部办公室工作，因为表现出色从上司秘书升任公司合伙人。

秘书工作最大的特点就是琐碎。不能有丝毫差错。因为一出错，会立马被上司抓个现行，因为就在上司身边，掩饰都非常难。朋友工作时谨慎又谨慎，三年秘书工作实现了零差错。

遇到上司出差这件事，涉及预订机票、酒店以及行程规划。朋友会先问清楚上司的需求，随后在头脑中演练一遍。有时候上司忽略掉的细节，他都会非常周全地想到。

当然，他不会自作主张，而是用委婉的方式向上司指出来。

一般人根据上司的需求订好了机票、酒店，认为基本上完成了这项工作。他们往往会少说一句话，觉得上司们只要结果，至于过程，前面都已经沟通了，为什么要说这句不必要的话呢？

对的！上司是要结果，但是让他惦念着这个结果，他的感觉会好受吗？你不和他说这句话，他在潜意识中就会操心这件事。也就是一句话的工夫，就能让他打消顾虑。

就是这样一句沟通，让你在上司心目中的印象加分不少。

不要以为上司工作很忙，对工作不可能事无巨细。其实上司很关注工作的进展。你做完工作，不向他汇报，他就会以为你还没有完成，进而产生忧虑。

换位思考，如果你是上司，不掌握下属执行工作的情况，会不会特别抓狂？

3. 沟通要具体，再具体一点

我曾在网上听到一个故事。

一位上司问属下，这份报表什么时候能交给他？下属答"快了"。

一个小时后，上司抛出同样的问题，下属的回答多了几个字"很快就能给您了"。

又过了一个小时，上司忍无可忍地来到下属的办公桌前，用力敲击他的桌子："到底还有多久？给个具体时间。"下属这才战战兢兢地说："20分钟内给您。"

这位员工完全可以在第一次汇报时就说出完成工作大概需要的时间。

有效的沟通，一定是非常浅显易懂的，让上司能迅速抓住你说话的要点，同时掌握你的工作进度。

有些人与上司沟通时，喜欢说一些空的、虚的内容，绕了很大一个圈子才进入正题。完全没必要这样，与上司沟通不是一般的人际交往，客套话能省则省，这样能节约双方的时间。

同时，少用那种含糊的词句。比如上面这个事例，下属用了

"快"这个词语，就属于含糊用词。

"快"，到底有多快，是一秒钟、一分钟，还是一小时、一天？"快"本来就是一个主观性很强的概念，每个人对"快"的定义千差万别。这时候，其实应该说出一个具体的时间。

对于你在做的工作，要让上司知道具体进展到哪一步，最好有具体的时间节点。某件事做到什么程度，可以帮助上司分析、把控全局，相信很多上司愿意听到这样的汇报。

最后不仅要说目前的情况，最好带上下一步工作计划以及目前工作的完成情况，给上司留下"靠谱员工"的形象，而关于未来工作的计划和思考，更会让你的形象在上司心目中加分。

4.闷头做事不可取，谎言更不可取

汇报工作进展时，最好不要回避工作中遇到的问题。

有人在和上司沟通时，有意无意地隐瞒工作中存在的问题和困难。似乎说出这些麻烦，上司会认为自己工作能力不强。

其实不然，工作中遇到的挑战，某些和员工的工作能力有关，有些问题单靠某个人是无法解决的。

自以为是，报喜不报忧，这种"打肿脸充胖子"的谎言，也许可以带来一时的轻松，时间一长却会让自己为此付出代价。一个谎言，需要一千个谎言去弥补。

与其谎言被戳穿，还不如实事求是地说出困难，在必要时请求上司的帮助。这不丢人，也不是无能的表现。特别是在分工越来越细的今天，每个人都会遇到需要别人协助的情况。

闷头做事不可取，沟通中故意添加水分更不可取。

手头工作，不是做好就可以了。一个能在职场中顺风顺水的员工，除了较强的工作能力，懂得与上级、平级乃至下级的沟通非常重要。特别是能直接决定命运的上级，在沟通时更要实事求是，使用最精确、简练的语言，让上司清楚你的工作情况，不断给自己的印象加分。

工作干得越多越好吗

1. 工作干得多，效果却不明显

大学毕业后，小雨应聘到一家制造业大型国企上班，负责宣传文案工作。

正式报到前，不止一个人在她耳边念叨：要眼里有活，要眼勤、手勤、腿勤，不要像算盘一样拨一下动一下。你还年轻，年轻人就要吃苦，就要多干工作，工作干得越多越好，这样才能有更快的成长和发展。

小雨把这话牢记在心。第一天报到，部门领导让她先熟悉单位情况，熟悉有关业务，没有马上分配任务给她。小雨急吼吼地对领导说，有什么事您尽管吩咐，我一定能做好。

冲着年轻人这股劲头，领导不能没有表示。思考许久，他让小雨撰写一份总结报告。领导关照她：不用着急动笔，先去有关部门走走，这样写出来的文字更接地气，不会通篇空话、套话。

小雨开始忙活，一整天不待在自己的办公室，不停地在各个部门转悠，问别人索要材料。其实，这份报告应该在两三个月后才开始撰写，毕竟有关工作启动时间不久，还没到总结阶段。别人手头的资料不多，给不出实质性帮助。但是自己不能空下来，小雨在公司内网查找过去的档案资料，试图以过去的情况推演将来的发展趋势。

仅仅过去一个多星期，这份报告的初稿就放在了领导的案头。

领导粗略浏览，皱皱眉头，不置可否。写一份总结报告一般要等到相关工作完成以后，现在工作还在推进阶段，怎么可能有这些数据和结论？领导问小雨，这些内容的出处在哪里？小雨回答得支支吾吾，说信息来源于内网资料。领导的眉头皱得更紧了，又不能打击她的积极性，只好表示这份报告先放在这里，自己再斟酌一下。

眼看领导没有下一步的工作安排，小雨有点惶恐不安，又要求新的工作任务。领导对她说，你这个阶段还是先熟悉工作，多跟前辈学学，不用着急上手。听到领导这句话，小雨心情黯然。

将近一个星期，小雨都活在焦虑中。领导不给自己安排活儿，周围人忙碌的身影更衬托出自己这个闲人有多么不合时宜。这种情况不能继续下去，她又一次冲进办公室要求安排工作。

领导只好又安排其他工作，这次她完成的质量还算不错。随后，小雨逐渐进入角色，承担了更多工作。她觉得非常踏实，忙碌抚慰了她这颗脆弱敏感的心。年底，工作量比平时增加了好几倍。检查、评比、考核、写报告，还要迎检，即便积累了一定的工作经验，小雨依然有点手忙脚乱。

直到这时候，小雨感觉自己快到"天花板"。她不是超人，不可能无休止地接受新工作。相比刚入职时领导给她安排工作非常谨慎，眼下则放心地将更多工作交给她。本来，这是领导信任自己的表现，值得庆幸。可是超出自身极限，自己应接不暇，难免会在工作中出现差错。到这时，小雨想到推脱，可话到嘴边又收了回去。

她在心中安慰自己：工作干得越多越好，不仅有利于自己成长，还能获得领导赏识，累一点没关系。

这样的精神胜利法，在一段时间内帮助小雨克服了身心上的疲惫。时间一天天过去，效果不断减弱。小雨愈发觉得：按时且高质量地完成任务只能是奢望。领导给她完成任务的时间越来越少，要求不断提高。过了下班时间，她还留在办公室挑灯夜战。即使这样拼命，也只能勉强完成工作，其间不断有差错。但是领导没看到苦劳，盯着这些差错，认为小雨工作不够严谨，还对她提出批评。她又想着承揽新工作"将功赎罪"，却没有降低差错率，还受到相应的处罚。

面对一纸内部处罚单，小雨觉得委屈，趴在桌子上哭了。

为什么工作做得多，却没有收到预期效果？

2.活干得多，不一定干到点子上

"工作干得越多越好"，很多新人将其视为"工作法则"。既然自己是这个办公室中年纪最小、资历最浅的，别人吃的盐比自己走的路还要多，怎么尽快缩短差距？没有捷径，只有多工作，在实践中磨练。

结果呢？活儿倒是接了不少，也确实成为办公室中最忙碌的人。别人休息的时候，你还在呼哧呼哧地忙活，甚至连喝水、上厕所的时间都没有。

然而，忙活了大半天，在年底总结时却找不到工作中的亮点。

第一年工作，我也遇到过这样的问题。当时也是年轻气盛，恨不得把所有人的工作揽在身上。就连办公区域打扫卫生这样的工作，我也从保洁阿姨手中抢过来。每天第一个到办公室，随后扫地、拖地、擦桌子、整理物品，通常要一两个小时才能收拾好这些杂物。

本以为做好这样的小事会引起领导重视，结果到了年底，公司有一个外出培训的机会，领导却将机会给了别人。论能力，这人不如我；论工作态度，我一直在忙碌，他好像空闲下来的时间挺多的；论家庭背景，好像我们都是那种没有关系的普通人。

我实在想不通，一气之下提出离职。

后来我才明白：我确实干的活儿比他多，却没干到点子上。因此，单纯认为活儿干得多带来能力提升，只是一厢情愿罢了。

3. 工作要建立在自身能力基础上，要分清主次

综上所述，"活儿干得越多越好"本身就是一个伪命题。

首先，做任何工作都要建立在自身能力基础上。

世上从来没有通吃一切、无往不胜的超人。很多人就是对自身估计甚高，对任务的难度估计过低，从而导致接手任务后困难重重，工作难以开展。

一个人最难的是认清自己，所以希腊的德尔菲神庙上才刻着这句神谕："认识你自己。"对自己有正确、客观的认识，既要克服自身认识上的缺陷，又要避免主观偏见。接手一项工作任务前，要

充分预估可能遇到的困难。最好想到最坏的情况，这样将来无论如何，你遇到的情况都不会过于出乎意料。把困难想得多一点，不是给自己打退堂鼓，让自己怯懦退缩，而是打有准备之仗，不至于让自己手忙脚乱。

有了对自身能力的正确评估、对客观情况最坏的打算，接下来要做的就是不要刻意逞强。逞强不是勇敢，而是没头脑的匹夫之勇。匹夫之勇只是争了一时之气，却输掉了未来的发展。很多逞能的人，几乎无一例外在最后尝到苦果。

承认自己能力有限，不接受"降维打击"的工作。这样的工作只会暴露你的短板，越做越让你添堵。

其次，要分清楚工作主次，学会取舍。

工作肯定有主次，有的是主要负责的工作，有的只是附带的工作，而有的工作完全不在职责范围内。想要在干好本职工作的同时，大量接手分外工作，现实层面几乎不具有操作性。本职工作值得你花费很多心思琢磨，扪心自问：你就一定能做好吗？能把本职工作干得出色，干得在这个行业领域内风生水起，你就已经是别人敬仰的大咖了。

本职工作都不能完全干好，还有必要分心于其他工作吗？你有这方面的专业知识、职业资质吗？假如"不务正业"出了问题，这个责任又由谁来承担？

最后，活要巧干，不要死干。

工作是死的，人是活的。即使相同的工作，在不同的时间、地点，也要运用不同的工作方式。很多人喜欢闷头干，一点不考虑客观环境的变化，这才造成"干得越多，错得越多"的恶性循环。

做着相同的工作,用的精力也差不多,天赋、起始能力也差不多,但是过了一段时间,原本在同一起跑线上的两个人会拉开很大一段距离。

造成这个差距的原因,不是工作本身,而是在工作中付出的努力。有的人工作干完了,根本没有对过程中的情况进行反思,导致每天只是在不断重复过去,一点提高也没有。有的人完成工作非常善于总结,总能找出某些方面的不足,这样可以帮助他们避免在同一个地方反复跌倒。

活要巧干、不要死干,干活不是一个条件反射的过程,要动用我们的大脑,对工作的全过程进行复盘,这样才能不断提高工作能力。

小心"彻底躺平"的美丽陷阱

1. "躺平"好像有千千万万个理由

"躺平",这个词语非常好理解,"躺平"倒过来就是"平躺"。躺着时整个人身体放松,呼吸、心跳不会有剧烈波动。

他们在绝大多数时间内保持平和状态,无论对方做出什么举动、眼下发生何种情形,都无法触发他们的心理波动。

"躺平"不是国内才有的社会现象。只不过在国外,"躺平"有其他表述,比如"躺平族"在其他国家被称为"尼特族""回巢族""袋鼠族",在日本叫"低欲望的一代"。

很喜欢日本对这个群体的称呼。"低欲望"这个词语准确地表达出"躺平族"的心理状态。"低欲望"不是没有欲望，人有七情六欲，彻底消灭欲望不现实，也不可能。

但是在客观环境的制约下，很多人不得不降低内心的欲望。他们是在欲望受挫后不得不向现实妥协、低头，采取一种"非暴力合作"的方式，最大限度减轻"欲望求之不得"带来的心理伤害。

久而久之，这种人生态度成为一种时尚，很多人觉得外面风大浪急，这里倒是一个不错的避风港，于是把人生的航船驶入这个避风港。

"躺平主义"有点类似于古希腊时期的"犬儒主义"思想。他们刻意与现实保持一段距离，不去正面迎击困难和挫折，以降低欲望为代价，换取内心片刻的安宁。

2. 彻底"躺平"难以持久

"躺平"似乎有其存在的合理性，但是"彻底躺平"的态度却可能会让你在职场中遭遇"滑铁卢"。

因为不是你"躺平"了，别人也跟着"躺平"。人家还在努力，还在不断前进，你选择裹足不前，差距只会越拉越大。再过一段时间，你和同事之间的差距可能就会超出上司容忍的范围。KPI可不是吃素的，到时候只怕你只能黯然离开。

暂时让自己喘一口气，放松一下紧张的神经，未尝不可；但是，彻底丧失奋斗的意志力，会让你在公司中处于更不利的位置。

即使结果不如意，也不能说明你的努力毫无价值。困难永远存在，克服困难的过程带来的幸福感和愉悦感，更值得期待。

欲望有高低之分，很多欲望属于感官层面的欲望，比如玩游戏、刷短视频、追剧等，能迅速带来刺激，却无法持久。

层面更高的欲望，比如精神层面的追求，继而为之奋斗，可以让你在追梦过程中始终感受到获得感和价值感。

选择"躺平"时，你是否考虑过自己的腰包能否承受得住"躺平"的后果？假如你半年，甚至一年没工作，还能保证生活质量不出现大幅度滑坡？

因此，"躺平"更需要经济去支撑，毕竟选择"躺平"，经济来源就成为问题，不能靠自己挣钱，很可能就要去"啃老"。

就算父母愿意被你"啃"，他们终究会有老的一天。当他们离开这个世界后，你该怎么办？

很多人搬出陶渊明这位诗人，他主动辞官不做，选择归隐田园。请看清楚，人家毕竟做过官的，虽然不是"三年十万雪花银"，至少口袋里有点积蓄，足以支撑他"采菊东篱下"的岁月。

没有任何经济基础的"躺平"，注定在将来某个时候坐吃山空。到时候，还是要把自己重新送入就业市场。只怕离开职场的这段时间已经让你失去竞争力，想要找到一份工作的难度陡增。

"躺平主义"的持久性大打问号，更存在自身能力贬值的风险，这个美丽的陷阱必须小心待之。

3. "躺平"不是颓废

"人生不如意事十之八九。"不如意，很可能是生命中的常态。

无论什么年代，都会有这个年代存在的问题，遇到不平之事，偶尔吐槽，撒撒怨气，"躺平"一阵子，无可厚非。真把"躺平主义"奉为圭臬，只怕是坑了自己。

说到这里，不得不提到另外一个词"内卷"。

"内卷"是指人类社会发展到某个阶段，出现一定程度停滞不前的现象。社会资源无法满足所有人的需求，人们通过竞争来获取更多资源。

很多人都把"躺平"的罪魁祸首归咎于"内卷"。都怪竞争太激烈，可能再努力也难逃失败的命运。

以前就没有"内卷"吗？现在竞争确实激烈，以前更是有过之而无不及。在那些物资匮乏的年代，"内卷"的方式可能更直接、更暴力。

人类历史本来就是一部竞争的历史，几乎没有不竞争的时代。

就算是成功人士或者社会精英，他们也有自己的焦虑和无奈。只不过他们的焦虑和无力感，我们普通人感受不到。

每个人在心中设定目标，旧目标达成，带来的幸福感会呈现递减效应。这时候会产生焦虑，那就到了要设定新目标的时候。

这个过程可能有点折磨人，但不是选择"躺平"的借口。设定好适合自己的目标，去接近、实现目标，才能持续获得幸福感。

大多数人在年轻时一无所有，这不要紧，因为你有别人不具备的优势——时间和精力。

中老年人各项身体机能下降、精力大不如前，他们羡慕年轻人有大把可供挥霍的时间。时间是宝贵的，当然不是用来挥霍的。只要不轻言放弃，谁敢说你肯定没有光明的未来？

不要拿前途命运做赌气的筹码，任何时代，奋斗都有意义。

你现在精力这么旺盛，记忆力、创造力很强，若干年后这些能力都会下降。如果年轻时没有打好基础、未雨绸缪，年老时可能会过得很辛苦。

你可以现在"躺平",但你考虑过将来吗?

当然,我不想彻底否定"躺平"。不过我认同的"躺平",与很多年轻人推崇的"躺平"又不太一样。

《人民日报》曾刊发一段话:年轻人要学会放弃,给人生做减法,减少不切实际的欲望、过分消极的抱怨、无效的社交等。

有积极意义的"躺平",肯定是顺从内心想法,选择适合自己的生活方式,而不是"葛优躺",主动放弃人生追求,以消极的态度对待未来。

"躺平"不是颓废,不是躺在床上无所事事,而是削减带来烦恼的欲望,回归最原始的生活。

"躺平"是接纳不完美的自己,不过分较真,既不追悔过去,也不对未来杞人忧天,而是活在当下,过好生命中的每一天。

一代人有一代人的难处,不可能一有难处就选择"躺平",不要因为时代和社会的大背景就"躺平"、放弃。

请小心提防"彻底躺平"这个美丽陷阱,选择适合自己的工作和生活方式,才是应对各种不如意的正确打开方式。

| 第三章 |

如何处理好与上司、同事的关系

如何向上司汇报工作

1. 只会干活，不会汇报的"打工人"

很多人有过这样的抱怨：为什么做了这么多工作，上司不看在眼里，为我升职加薪？

很多人将原因归咎于上司，认为上司不善于发现下属的亮点，或者公司的晋升制度存在缺陷。

不久前，师弟小邢对我狠狠吐槽了一通。

一年前，小邢进入这家管理咨询公司。

管理咨询公司的服务对象是国外企业，因为时差的原因，很多员工不得不在凌晨时分守在电脑旁，与外国客户沟通业务情况。小邢也不例外。他不得不将客户的需求记录在电子备忘录内，设置好手机闹钟，凌晨时分将自己从床上拖起来，以最好的姿态出现在对方面前。

从接通视频通话，他的大脑就切换到英语频道，一些专业术语更是考验着小邢的词汇量。幸好通话前做了周密准备，不会因为语言差异产生交流障碍。

挂断通话，小邢感觉整个人非常虚脱，好像是刚爬上一座几千米的高山，身心俱疲。镜子中是深陷的眼窝、苍白无力的脸颊。距离黎明时分只有三四个小时，刚才精神高度亢奋，入睡变得困难。睡不着，他索性打开电脑，再次面对一堆枯燥的数据和文字。

在记忆中，上班几乎没有闲下来的时候。即使到了合同上的下班时间，他也很少准时走出办公室。周末，他宁愿离开舒适的被窝，在办公室度过本该欢乐的时光。他习惯了永无休止的忙碌，一个项目结束，意味着下一个项目开始，周而复始，如同白昼与黑夜的循环。

他的业绩水平与前辈无法相提并论，但与同一批进来的另外两个人相比较，他还是有自信的底气。

年底考核，那两个人的薪资水平提升了一个层级，小邢则原地踏步。

他难以理解：凭什么？自己和他们干着差不多的活儿，业绩也不相上下，他们得到了加薪，而自己还是转正时的水平。

横向比较让人失去心理平衡，很长一段时间小邢都沉浸在负面情绪中。

小邢给自己找了个还不够努力的理由，一年过去，那两个人获得晋升，他的级别还是没动。

这下子，他有些坐不住了，好几次冲到上司的办公室门口，眼看要破门而入讨要说法，最终理智还是战胜了冲动。

他找到我分析原因。我听他讲完情况，发现问题出在他不善于及时向上司汇报工作。

汇报工作？小邢有点疑惑，他从不自作主张，都是按照上司的要求执行工作。既然上司说了要求，自己把活漂漂亮亮地干了，不就结了？

我无奈地摇摇头，对他说了主动向上司汇报工作的重要性。他听后有所顿悟，决定第二天一早就向上司呈报自己的工作进度。

第二天晚上，我在电话里听到小邢的口气有点沮丧。

他一五一十地讲述自己近期的工作，讲得事无巨细。然而，上司面无表情地听他的汇报，最后打了哈欠，眼皮子都要耷拉下来了。单从这样的反应，就能看出这次汇报的效果有多糟糕。

2. 为什么要向上司汇报工作

小邢得不到上司赏识，原因是出在不积极汇报工作上吗？汇报工作，对于促进个人发展有明显的作用吗？

回答这两个问题前，先要搞清楚一个问题：为什么要向上司汇报工作？

第一，汇报工作能让上司了解下属的工作进度。

没错，工作是上司布置的，他们掌握着工作的大方向。每项工作都有非常复杂的过程，不是一蹴而就的，有些工作持续的时间可能是几个月，甚至贯穿一整年。

知道工作进度，上司才能根据实际情况开展后续工作，并及时进行调整，监控未来是否能达到最初设定好的工作目标。

第二，及时的汇报能给上司安全感。

"安全感"这个词很玄妙，经常用在婚姻情感领域中。其实，安全感是人类普遍的精神需求。不仅仅是女性需要获得安全感，任何人都不愿意生活在让人感到不安全的环境中。

这是先祖刻在基因中的思想密码，因为远古社会存在种种可能危及生命的因素，这样的记忆一代代传承下来，因此我们希望周围的事物都在掌控中，希望将不确定性降到最低。

回到向上司汇报工作这件事上。上司不掌握下属的工作情况，难免心中忐忑，他们究竟干得怎么样？有没有遵照自己的意志执行指令？上司最害怕下属变成断了线的风筝，自行其是，万一出了状况，身为管理者难辞其咎。汇报工作，就是降低上司内心不安的有效手段。

第三，汇报工作能给下属以及整个团队带来实实在在的好处。

上司很难关注到每一位下属的真实情况。假如不善于向上司汇报，他自然不会对你有更多关注。一般经常在上司耳边念叨的下属，获得晋升的机会是默默无闻者的好几倍。"会哭的孩子有奶吃"，尽管"不让老实人吃亏"听上去有道理，但在实际操作中很难做到。为了不让自己吃亏，汇报工作还是很有必要的。

对于一个团队来说，多向上司汇报工作，足够的信息反馈能确保团队的高效运作。上司及时得到信息，有助于宏观层面上推进工作，进行研判、决策。

3. 掌握好工作汇报的时机

小邢向上司汇报工作效果不理想，有可能是没有掌握好汇报工作的时机。

虽说上班时间都可以向上司汇报工作，但是人的情绪不断波动。有时情绪高涨，有时情绪低落。情绪高涨时汇报工作，就算做得不是很到位，上司在心中也会包容你的不足。情绪处于低谷时，比如上司家里遇到麻烦，汇报的效果就达不到预期。

除了上司情绪这个因素，工作进行到不同阶段，都有必要适时汇报。

良好的开端是成功的一半。起步阶段,为了确认工作的具体要求和目标,有必要向上司汇报自己的工作打算,避免出现刚开始就走偏,不然将来所有努力都是无用功。

等到工作开展到关键阶段,取得阶段性成果,也有必要向上司汇报进度。任务过半,上司对进度的掌控不如开始时那么明晰。这时候送上相关情况和数据,能让上司放心、安心。

一旦某项工作彻底完成,必须要对工作过程进行一次全局性、概述性的汇报,及时总结工作中的得失和经验教训,让上司看到你的工作成果。

当然,不必完全拘泥于以上关键时间节点。

假如在工作推进中遇到重大困难、瓶颈,又不是你个人和团队能在短时间内解决的,急需上司等外援的力量,这时就要让上司知晓你的困境。

不要担心讲困难可能给上司留下不好的印象,就故意隐瞒这些负面元素。拖着问题不解决,造成问题矛盾积累,继而影响到工作进度,这样反而得不偿失。纸包不住火,一旦将来矛盾爆发,只会让你、让上司更加难堪。

那么汇报工作前需要做好哪些准备呢?

首先,一份完整细致的工作日志必不可少。工作日志中可以有短期、中期、长期的工作计划,当下正在开展的工作任务,还有你每天工作的细节内容。既然是日志,可以采用最直观的叙述方式,无须艺术加工、虚构。这是你向上司汇报的基础。

其次,在汇报前需要梳理出一份简明扼要的汇报提纲,列出你汇报的要点。不要尝试把汇报的内容全部写出来，随后在汇报中一字不落地背下来。这样"背书式"的汇报，难免让上司看出端倪，反而给上司留下刻板的印象。还不如列出提纲，有一个大致的方向，汇报时适度自由发挥，这样给人感觉更为自然。

4. 如何更高效地汇报工作

那么，如何更高效地汇报工作呢？

首先，对正在开展或者已经完成的工作，要有一个全局性的概述。让上司清楚你究竟在做什么。概述不用长篇大论，三四句话就把事情大致讲清楚。

其次，翔实的数据分析。数据不用面面俱到，把工作中涉及的都汇报给上司。数字太多，上司也记不住，更无法从中发现你的工作亮点，只会看得一头雾水。将杂乱的数字分门别类，制作成简洁明了的表格，打印出纸质版本以供上司审阅。这样再结合你的口头陈述，这些数据也就不再是一串串冷冰冰的数字。

最后，汇报中要有对比，既有横向比较，也有纵向比较。横向比较，一般是和同行业其他公司的竞争对手对比，尽量不要牵扯到所在部门的同事。

工作汇报中，最棘手的是暂时存在的困难和问题。直接将这些麻烦说出来，上司可能指责你工作不得力；故意回避，难保将来被发现时面临更大的窘境。

那么如何说才更稳妥呢？

这就要站在上司的立场上，让他体谅我们的难处。

上司希望下属是什么样子？是遇到问题不回避、不推诿，主动迎难而上，逢山开道、遇水架桥，想尽办法解决工作中的困难。

既然如此，我们就满足上司的心理需求。

首先，对存在的问题进行客观描述。请注意是"客观描述"，不要掺杂个人的主观评论，有什么事就说什么事。

其次，分析问题产生的原因。剖析原因同样要站在客观中立的立场上，不是为开脱责任找借口。

最后，提出解决问题的办法。不能仅仅停留在分析问题的层面上，上司更想看到你的处理办法。哪怕这些办法不一定在现实中奏效，至少上司感受到你在努力。方案不要只有一套，最好有两套以上方案，给上司做选择题，让他从中选择一套合理的。哪怕这些方案最终都未被采纳，上司也不会再怪罪你不尽力。

汇报工作确实不是一件容易的事，却又不可或缺。它能让上司掌握你的工作进展，也让你收获上司的信任。既然如此，就好好准备每一次工作汇报，让它为我们的未来不断加分。

工作量暴增想涨薪，怎么和上司谈

1. 同事离职，不得不干两个人的活儿

一个人的工作量，从来不会保持在恒定的水平。可能随着你能力的增长，承担的责任更多，工作量自然就上去了；也可能上司对你更加器重，愿意把更多事情安排给你；还可能所在部门人员发生

变动,比如人员离职、休产假、休病假,导致你不得不将别人手里的工作接过来。

接下来,我们就说说最后这种情况。

小莫在这家公司工作快两年了,最近下班时间越来越晚。

她在行政部工作,部门里原先有四个人。两个月内,一人离职,另一人休产假。小莫和另外一位同事,除了负责分内工作,还要把另外两人的工作挑起来。

她以为眼下是过渡阶段,过段时间就会恢复到正常情况。但是,上司迟迟没有招聘新员工的意愿。休产假的同事在产假期满提出辞呈,当了全职太太。

小莫的下班时间从六点延后到晚上八九点。不仅如此,上司提出要拟定一个新的薪酬方案,对公司每个人的岗位责任书重新进行修订。

这些工作本来属于那个离职的员工,前期需要做大量的调研和数据分析,还吃力不讨好。小莫在承受工作压力的同时,还要忍受别人的冷言冷语。

她在洗手间听到有人议论自己,说她在上司面前出风头、邀功。小莫真想直接冲过去和那个人理论,她压根儿不想显摆自己,这些任务是上司强加在自己头上的。

但她终究克制住了内心的怒火。

同事的嘲讽和挖苦尚且能忍受,但是凭空干这么多活儿,又没有经济补偿,她总有点心不甘情不愿。

其实,小莫有很多机会向上司表明心中的想法。每当她向上司汇报工作时,她渴望上司能主动说出她的心里话,但是,每一次都没有如她所愿。

虽然口头上未提及，但是她相信上司内心是清楚的。时间一天天过去，她依旧是一个人干两个人的活儿。

2. 你认为的工作量增加，是真的吗

小莫的遭遇，很多人都会遇到。"铁打的营盘流水的兵"，人员流动在公司中很常见。每当有人离开，工作不可能停下来，就会有人不得不挑起更重的担子。

这种工作量暴增客观存在，但是某些你自认为的工作量暴增，可能只是一种错觉。

很多人看上去忙忙碌碌，其实工作效率并不高。著名昆虫学家、哲学家、数学家柳比歇夫在他长达 82 年的人生历程中，始终在使用一种独特的"时间管理法"。

柳比歇夫的时间管理法包括记录时间、分析时间、消除时间浪费、重新安排自己的时间等内容。记录每一项事件耗费的时间，统计的是"纯时间"，即每一件事情实际消耗的时间。

比如你看似花了 1 小时撰写文案，而在此期间发了 10 分钟的呆，又用了 10 分钟回复几封邮件以及家人发来的信息，这样你撰写文案使用的"纯时间"就是 40 分钟。

通过"纯时间"这个概念，我们就能解释为什么有人觉得自己的工作量明显增加，其实不过是错觉。

工作效率不高，导致了这种错觉。

任何一项工作，都存在真实的工作量和碎片化的工作量。大多数人看到的工作量，是这两项数值的总和。

假如这两项总和中前者占据大多数，多劳多得、少劳少得，你就有了向上司提出涨薪酬的底气。

后者占据大多数，你的工作被很多无效的因素占据，比如查看无关的信息。那你还是谨慎考虑涨薪的想法，因为上司不愿意为低效买单。

因此，和上司谈涨薪前，先要问自己这个问题：**你认为的工作量增加，是真的吗?**

3.分清楚是分内工作，还是分外工作

和上司谈涨薪前，还要搞清楚哪些是分内工作，哪些是分外工作。

有些突然加出来的任务，本来不该由你承担。

任何一家走上正轨的公司，都有比较完善的员工管理制度。每一位员工都会在入职时拿到一份内容详细、具体的岗位责任书。

每个职位的工作强度和工作量大体上相等。由此，有了这份岗位责任书，我们可以区分出两个概念：分内工作和分外工作。

分内工作就是岗位责任书上列举的工作内容，是每个员工必须完成的工作量。分内工作大体上是稳定的，当然也存在季节性、周期性的波动。

即便是分内工作，经常要靠加班才能完成，也不能一味忍气吞声。出现这种现象，说明岗位责任书制订得不合理，可以用委婉的方式向上司提出备选方案：要么适当增加人手，要么适当减少工作量，再不济可以提出支付加班费的要求。

最大的问题出在分外工作上。

明明这些工作不属于你的职责范围，但是上司或同事对你提出这个要求，很多人都磨不开嘴。尤其是进入公司时间不长的新人，更没有底气拒绝分外工作。

只要第一次接受分外工作，那么就会有第二次、第三次……这种讨好型人格会让有些同事"得寸进尺"，只要一有事就会想到你。本来分内工作就已经在繁忙的临界点，再加上分外工作，就只剩下加班这一条路。

对于同事强加给你的工作，你可以正大光明地予以拒绝。至于你的上司，也可以在考虑周全后表达出真实想法。

相信很多公司的岗位责任书上，都有这么一句话：完成上司交给的其他任务。有了这句话，给你做分外工作就有了可行性。假如你为了完成上司交办的其他任务需要用到自己的时间，那么用人单位就应该额外支付费用。

如果承担了过多不属于自己的分外工作，那么你就更有底气和自信向上司说出涨薪。不要过于沉默，隐忍与谦逊无法给自己带来实实在在的收益，因为繁忙的事务可能让上司无法顾及每名下属实际的工作量。

既然付出了，还是超额付出了，就应该得到应有的回报。

4. 主动出击，争取自己的合法权益

想要涨薪，还需要你主动出击，争取自己的合法权益。

领导也只有一双眼睛，即便他一整天扑在公司中，也不可能对每名员工的情况彻底了解。哪怕有人事同事向他汇报，这种汇报也掺杂着人事同事的主观性因素。

能对你自己负责任的人，只有你自己。一味埋头苦干，不懂得去争取，只会被上司视作理所当然，最后吃亏的只有你自己。

如果你的工作是行政、人事等辅助类岗位，工作业绩很难用数字来量化，再不去争取，上司根本不会认为你干了很多活儿。

不能指望识别千里马的伯乐主动发现你，涨薪的主动权在你手里。只有你主动了，用言语打动老板，涨薪才不至于遥遥无期。

提出涨薪要求前，先要掂量自己是否配得上更高的薪酬。像上文所说，工作中存在真实的工作量和碎片化的工作量，假如因为效率问题忙碌不堪，还是乖乖地收起这个念头。

假如你忙于一堆别人强加给你的杂务，并没有打动上司的业绩或项目，也不适合提出涨薪。

只有能力、工作量与眼下的收入明显不相称，对上司提出涨薪才合情合理。

方式方法也相当重要，先提出适当增加人手，委婉地说出如果没人分担，可能影响工作的正常开展。增加一个人的成本开支，肯定要明显超出增加一个老员工的薪酬。

假如这么委婉的说法依然无法打动上司，依然让你超负荷工作且不愿意额外支付工资，你就要考虑是否要离开这家公司了。

工作量暴增，想涨薪？这个想法不错！不过提出要求前，请考虑"工作量"增加的真实性，注意谈话的方式方法，相信大多数上司愿意接受这个要求。

上司说"好好干",该如何应对

1. 一块看得见却吃不到的"肥肉"

阿荣工作三年,是办公室中最积极认真的那个人。他不仅做好本职工作,每当同事们忙得不可开交需要帮手时,他都会挺身而出,有时候为此不得不加班完成自己的任务。

上司似乎看在眼里,每次碰到他都会说:"小伙子好好干,前途无量。"

听到这样的评价,阿荣有点受宠若惊。上司说得这么明白,这是器重自己的表现。再加把劲,说不定不久后就能升职。

审视工作表现,他又觉得自己努力得还不够。工作任务是完成了,结果能否再出色一点?还有工作效率,是否可以比过去再提高一点?除了做好"规定动作",是否可以在现有框架内有所创新?毕竟按部就班很容易,有新的亮点才能为自己加分。

阿荣连夜为自己制订了一份工作计划,明确下一步前进的方向。他把这份计划打印出来,贴在格子间内,不断激励自己。他在办公室的时间更长,恨不得把所有时间用在工作上。他不去外面的饭店吃饭,午餐简单叫一份外卖。每晚入睡前,复盘当天的工作情况,在大脑中过一遍明天的工作任务以及注意要点。就连梦境中也经常出现办公室的场景。

这还不算完,他逮到机会就向上司汇报工作,生怕自己在上司心目中的存在感被削弱。

眼看过去好几个月,其间上司多次给出积极评价,同时勉励他"好好干"。除了精神鼓励,实际层面的升职加薪一点动静都没有。

直到这时,阿荣觉得茫然了。上司只是口头上说说,到底有没有实际举动?仅仅停留在口头层面的话,那自己前期付出那么多,岂不是都打水漂了吗?

阿荣越想越懊恼,工作上出现懈怠情绪,还在某项重要任务中出了差错。为此,上司对他严加训斥,根本不顾及他之前的工作表现。

上司对你说"好好干",这种现象在职场中并不罕见。不少人听到过这句让自己怦然心动的话语,因为它似乎与"被提拔""被重用"挂钩,如同一盏汪洋大海中的航标灯,指引你不断向前。

这句看似传达出积极信号的话语,但真如我们想象的那么美好吗?

同样是"好好干"这句话,背后的动机却大不相同。身为职场人,不能对这句话做出一概而论的反应。只有看清楚这句话背后的含义,才能不被表象所蒙蔽。

2. "好好干"只是惯用的口头禅

"好好干"这句话,可能是上司惯用的口头禅。

还别说,有很多管理者喜欢把这句话挂在嘴边。很多新人不懂这个道理,一听到这句话就上头,误以为上司对自己非常看重,带着一腔热血推进工作，随着时间推移发现情况不是他们想的那样。上文中的阿荣，一不小心也踩了这个坑。

估计新人们会从同事口中得知真相。原来，上司逢人就说"好好干"，部门里几乎每个人都沐浴在这阵春风中。估计大家都蒙在鼓里，有些人还暗中加力，默默"内卷"。

这个局面是上司期望看到的。任何部门光靠上司一个人根本无力支撑，总要有一帮愿意干事的员工。然而人都有惰性，特别是方向不明时更容易松懈。

这句口头禅给员工打了一针鸡血。好比我们见到别人，通常会说出"你吃过了吗"这样的口头禅。其实，我们根本不关心别人是否真的用过餐，而是一种打招呼的方式，让彼此的交流不感到尴尬、突兀。

应对"口头禅"式的"好好干"，既要表现出一定的感动，又不能在心中过于当真。既然是上司说的客套话，那么你也回敬一些类似的，比如"谢谢领导关心"。这话听过也就听过了，该怎么干活还是怎么干活，不要受它的影响。

3. 不管上司怎么说，我们都要"好好干"

当然，上司说出"好好干"这句话，某些情况下，确实是想提拔、重用你的信号。

不过上司想提携你，不会仅仅说出这句话就完事。他会全方位地指点你，比如你最近老实点，千万不要在工作上出差错，不要与同事发生争执。一般升职前，最好保持稳定状态。

除了言语指点，上司在安排工作时也会给予你倾斜。比如他尽量规避容易让你犯错误的任务，更倾向于安排在短时间内容易出成绩的工作。等你手握着有说服力的业绩，提拔晋升就变得顺理成章。

不管上司是否说出"好好干"，这句话都该成为我们的行动指南。

职场中永远以实力来说话。很多时候，我们往往无法揣摩出上司说话的真实意图。不过有一点是不变的，上司肯定喜欢能干好事、干成事的下属。能做好工作的人，任何上司都喜欢，任何上司都离不开。而得到提拔、晋升的人选，一般也是上司难以割舍的业务骨干。

把更多心思放在提升自我上，学会为自己工作，加速打磨核心竞争力，不管领导怎么说，我们都要"好好干"，为自己"好好干"。

上司问你"最近忙不忙"，怎么破

1. 一句带有善意的客套话

小芳捧着一大摞装订好的标书，急匆匆地从文印室赶回办公室。眼看就要走到办公室，正巧赵总从对面走过来。

这位部门一把手平日里总是绷着一张脸，不算是平易近人的上司。见到这个"黑面神"，小芳有点紧张，她不自觉地低下头，以回避赵总威严的眼神。手中标书的分量似乎重了很多，压得她胳膊有点抬不起来。

不料赵总微笑着对小芳说:"最近忙不忙?"

赵总居然关心自己?小芳一度怀疑自己的耳朵听错了。她不敢抬起头,声音轻得只有她自己听得到:"还可以。"她想再说些什么,却找不到合适的词汇。

赵总脸上的笑容骤然消失,重新换回那张严肃的脸。小芳的余光无意间瞥见,身体变得更加僵硬。

本来这是在上司面前好好表现的机会,很可惜被小芳浪费了。

过了一段时间,主管向赵总提议小芳担任某个项目负责人,假如任务完成得出色就给小芳升职加薪。假如没有上次偶遇,或许赵总就答应这个安排了。

记忆真真切切地提醒赵总——这个小芳"上不得台面"。赵总认为,面对自己的关心,她表现得畏首畏尾,紧张得连话也说不完整。就冲她这个样子,根本无法胜任领导一个团队的重任。身为管理者,言语谈吐必须大方得体,才能收获团队成员的信服。这么重要的项目,交给一个稚嫩的新人,实在不让人放心。

有人觉得小芳冤枉。遇见神情严肃的上司,表现得有点局促也属于正常反应,怎么就不堪重任?为什么不给她一次机会,让她证明自己有能力胜任,非要这么一棒子打死?这个上司确实有点武断。

说这话的大多数是新人,他们撞见上司也会有点诚惶诚恐。同时,他们渴望获得上司的谅解,不希望这点"正常反应"被上司"上纲上线"。

在他们的逻辑中,"最近忙不忙"就是一句很随意的话,可以下意识地用"是"或者"否"简单作答,不用费尽心机思考怎样回答更合适。

"最近忙不忙",真是上司们随口说出的客套话吗?新人们果然把问题想简单了。在很多"老司机"眼中,这是一个可能不讨好的问题。回答"不忙"吧,显得工作量不够饱满。上司不希望下属过于闲散,公司也不是休闲俱乐部,容忍闲人的存在。假如连续听到这样的回答,上司可能认为你在工作上不那么尽心,或者在磨洋工,总之都是对你不利的情况。

回答"忙"吧,似乎又有吐槽、埋怨的嫌疑。老板付你工资,就是让你来好好干活的,忙一点是应该的。还有一种可能就是上司可能找你有事,你这么说等于竖起了挡箭牌,变相拒绝上司给你安排新任务。

询问"最近忙不忙"的第一种情况,就是上司对下属说的客套话,但是言语中透露出上司的关心之意。

汉语中确实有很多意义不大的客套话,比如"吃饭了没"。说话者不是关心对方是否真的吃过饭,而是希望通过这个问题打开双方交流的话匣子。

"最近忙不忙"也有客套的意味,因为上司和你身份地位上的差距,说起话来不像家人、朋友那样随心所欲。可能从你的举止表现中,上司读出你内心深处的不自在。随口这么一问,缓解因为差距带来的焦虑感,让下属感受到温暖。

即便是一句客套话,背后是一份来自上司的关心,除了对问题做出正面回答,最好能加上一句"感谢领导的关心",这样总比冷漠地点点头、淡淡地笑一笑效果好很多。

2. 学会及时向上司汇报工作

要分清楚这个问题出现的场合。可能有两种情况：一是正面相遇，二是在电梯中等共处时间比较长的场合。

首先看看正面相遇这种情况，一般发生在走廊、大厅等，双方只是偶然擦肩而过，待在一起的时间不长。如果是这些场合，"最近忙不忙"只是一种普通的寒暄手段，适度表达出对上司关心的感谢即可。因为上司可能有事要忙，暂时没时间听你长篇大论地讲述自己的工作。

假如是后面这种情况，你和上司在电梯、茶水间遇见，上司可能长时间与你面对面站在一起，要考虑适度铺陈介绍自己的工作，不能让一次汇报工作的好机会悄悄从身边溜走。

上文中的小芳，随后又在等电梯时与赵总相遇。她不清楚背后发生的事情，因为主管也不方便对她透露太多情况。赵总又问她"最近忙不忙"，小芳的回答比上次有所长进，除了说"挺好的，还行"，又对赵总关心自己表示感谢。可是，赵总再听不到其他实质性的内容。

两三分钟后，小芳和赵总才随着人流进入电梯，算上电梯从三十多层到达一层，足足有四五分钟。小芳就这样站在赵总的身后，一言不发。

这就是新人们普遍存在的问题，在上司面前存有胆怯心理，总担心某句话引起上司不悦。殊不知越是怯懦恐惧，越会给上司留下不好的印象。即使在等电梯、下电梯这样的零碎时间，也属于上班时间，既然如此，必须拿出足够的职业精神，让上司清楚你目前的工作状态，这样闷声不响，对方无法了解你的进度，会想当然地认为你工作开展情况不佳,这才没有底气进行汇报。上司还会认为你自信心不够。一个缺乏自信的员工,很难适应职场中的各种挑战。

不要小看电梯这种不起眼的场合,它很可能成为职业生涯中某个重要转折点。

我有个朋友是做销售的,平日里穿梭于市中心以及郊区的各种商务楼。他很想敲开某家大型企业的门,可是与他们的客户代表谈了很多次,始终未能如愿。

他登录公司的网站以及自媒体,记住了对方公司老总的长相。于是,他用了最老土的笨办法——时不时堵在对方公司门口,就是希望能截住外出的老总。

这天,他终于等候到这条"大鱼"。

老总进电梯时略显不耐烦,想赶走这个不速之客;出电梯时,老总满面笑容地给我朋友一个手机号码,这号码是他秘书的。他本人对这款产品很感兴趣,让我朋友和秘书沟通合作细节。

虽然朋友没对我说在电梯里他讲了什么话,但不用想也能猜出来,这是一场非常高效的沟通,他把自家产品的特色亮点,用言简意赅的话语表述出来,同时充分抓住客户的痛点,一击必中。

推销产品是这样,向上司汇报工作亦是如此。汇报工作时,不妨把你自己看成一种商品,上司对你赞赏有加,就是对这种商品的首肯。因此在电梯中被问及"最近忙不忙"时,要意识到这是汇报工作的好机会。

首先还是对上司的关心表示感谢,随后就进入你个人表演的时间。

可以先讲述你最近接手的项目,涉及哪些工作环节,介绍大致的工作概况，要精确地罗列出一些代表性数据，讲出自己工作开展到什么程度。当然，也可以适度提及在工作开展过程中遇到的困难和瓶颈，希望得到哪些方面的支持。之后是未来工作的打算和计划，让上司清楚你下一步的工作动向。

从过去到现在再到将来，上司对你的工作有一个全局性的认知，这样的工作汇报会让上司站在你的立场上着想，根据你的需求给予适当安排和倾斜，同时留下你工作细致认真的好印象。

3. 职场中不能过于高冷

问你"最近忙不忙"，汇报工作时不要只提及自己的功劳。毕竟要完成一项任务，不可能是单独某个人的功劳，肯定是一个团队精诚团结协作的结果。

沟通交流是一门值得深究的艺术。有时候你一句不经意的话，很可能产生意想不到的效果。适当赞美周围同事和自己的顶头上司，比你单独邀功要强很多。

婷婷就是在汇报工作时没有过分贪功，讲述自己所在的行政部为了办好一年一度的年会，近一个月经常加班加点，对筹备的细节精益求精。后来，这位上司遇到行政部总监，充分肯定了行政部这段时间内兢兢业业的工作表现，对即将举办的年会充满期待。

总监有点摸不着头脑，他并没有对上司说出这些话，那么上司是怎么知晓的？当听说这些话是从婷婷口中说出来的，总监自然喜上眉梢，对婷婷青睐有加。

但是，有些新人偏偏不信这个邪。他们有着不切实际的孤傲，对自身评价过高，对汇报工作非常不上心。在他们心目中，只要把手头的工作干好即可，其他事情根本不用操心。至于上司，能不交流就不交流，能不搭理就不搭理。他们藏着这个想法：经常汇报工作、与上司走得过近，难免有巴结领导的嫌疑。他们担心其他人产生这个想法，将自己看成只会摇尾巴的"哈巴狗"。

这个想法非常危险，也十分幼稚。职场不同于校园。在学校里待得不舒服，过几年大家各奔东西，井水不犯河水，对未来影响不大。可是在职场中，任何行为都会产生深远影响。当然，你可以跳槽、可以选择拍拍屁股离开，但是你能一辈子这样频繁跳槽吗？先不论你的个人价值是否能长期保持在高位，当人力资源看到你的个人简历上过多的离职经历，他们会对你的忠诚度产生怀疑。一个不断跳槽的人，注定让人不那么放心。既然如此，很多时候你只能选择隐忍。然而一个人过于高傲、清高，肯定很难获得上司的青睐、难以与同事处理好关系。特别是上司，对你的命运有着很大的决定作用。

一个人不能过于高冷，否则在某个环境中的处境不那么妙。当然，我不是鼓吹对上司无条件地阿谀奉承，但是与上司搞好关系，职场之路会走得更顺畅一些，期间不伤害到任何人，是不该受到指摘的。

这也解释了为什么一部分新人刚开始挺招上司喜欢，过了一段时间就与上司渐行渐远。既然你不把上司放在眼里，上司又怎么会待见你？

换位思考，假如你处在上司的位置，对下属的工作进展一点不了解，你能安心吗？既然如此，某些上司就借着机会，比如随口问"最近忙不忙"，试图掌握下属们的情况。

既然上司有了解下属情况的心态，那么身为新人，为何不能满足上司的心理需求？面对这个问题，不妨大大方方、简明扼要地介绍自己近期的工作以及未来工作的打算。这样的介绍一定要客观准确，不能浮夸、虚假。

4. 任务来了，接住就是

除了在电梯、走廊、茶水间等公共区域相遇，上司还会在你工作时突然过来，询问你忙不忙。这种情况下，基本上就是给你安排新的工作任务。

遇到这种情况，他最想听到你面对新任务的态度，是愿意还是不愿意。

首先，你要接住上司的话茬，询问上司准备给自己安排什么活儿。不要在其他话题上兜圈子，让上司直接派任务，讲出具体要求。可以在上司说话时，思考执行任务的过程以及措施，可能存在的困难和问题。

搞清楚任务是什么，接下来要弄清楚任务是否紧急。可能你手头有其他很紧要的工作，也许上司在交代新任务时并不清楚。决定权还是交到上司手中，你可以直接提出来，询问他是否要停下手头工作、完成这项临时交办的任务。

遇上重要不紧急的事，可以等忙完手头事务后处理，遇上特别紧急的任务，那就迅速切换，漂漂亮亮地完成任务。

不出意外，下次遇到类似情况，上司还会将你列为优先人选，因为用得顺手，还能把活干好，这样的下属更让人省心。说培养也罢，说欺负老实人也罢，反正上司就习惯让你充当"救火队员"。

也不用过分委屈，工作量是增加了，但是上司看在眼里，升职加薪必定也是优先考虑你。

被上司无端批评，怎么破

1. 上司是专门针对你，还是面向任何人

不得不说，无端挨了批评，换作任何人心情都不会好受。

有句话说得好："心平气和地接受批评，有则改之，无则加勉。"真放到现实职场中，恐怕鲜有人能达到如此高的境界。

美国社会学家库利在《人类本性与社会秩序》一书中提出"镜中我理论"，他认为，人的行为很大程度上取决于对自我的认识，而这种认识主要是通过与他人的社会互动形成的，他人对自己的评价、态度，是反映自我的一面"镜子"，个人通过这面"镜子"认识和把握自己。

也就是说，每个人或多或少都会受到他人的影响。其他人对你的评价，如同在你面前竖起来一面镜子。有了这面镜子，才能更真切、更完整地观察、认识自己，成为自我认知的参照物。

假如一个人总是受到批评，难免会产生"自己很差"的认知，影响到下一步的行动。

面对上司的无端批评，难道真的无可奈何吗？

非也！

我们要确定上司批评的对象，是专门针对你，还是面向任何人？

先看看前一种情况：上司专门针对你。

人与人之间是有缘分的，这种缘分不仅仅体现在情感上，在职场中同样适用。有些上司天生与你是在同一条跑道上，就算稍有点差错，他也愿意包容。有些上司对你这个人横竖就是不喜欢，无论你做得是对是错、是好是坏，他总是给出不好的评价。

人无完人，没人能把工作做得滴水不漏，有些上司紧紧抓住工作中的瑕疵，对你横加"鞭挞"，好像犯了不可饶恕的错误。

其实很多情况下，上司眼里的你和真实的你有着不小的差距，这种差距，有时候很难通过努力来填平。

说实话，遇到这种情况真没有化解的妙招，要么苦熬，熬到这位上司高升或者跳槽；要么你离开，寻找不那么挑剔你的上司。

接下来看看另一种情况：上司就是喜欢批评人，不是针对你个人。

上司也是人，也有七情六欲，情绪不可能是一条没有任何波动的直线。有些上司非常擅长管理情绪，他们能做到不把负面情绪带进办公室。有些上司在这方面略有欠缺，遇到家里有点事，比如孩子在学校闯祸、学习成绩不佳，或者有亲人遭遇疾病或者不公对待，这股火气就得寻找宣泄的出口。

很不幸，你正好撞到枪口上。上司批评你一通，心气也就顺了。其实，他不是对你个人有意见，只是情绪使然。不是你挨这通训，也可能是你的同事成为他的情绪垃圾桶。

还有些上司就喜欢批评人，认为这种方式有利于加强对下属的管理。这和家庭教育中信奉"棍棒底下出孝子"的原则差不多，认为领导和下属就不能走得过近，对待下属的态度也不能过于和蔼，一方面不利于树立上司的威信，另一方面下属不"怕"上司，难免在工作中拖拖拉拉、吊儿郎当。经常训斥下属，能起到有效的"敲打"作用，让员工保持较高的工作效率。

一旦你摊上这样的上司，他训斥的对象就不是你一个人，而是他所有的下属。你可以通过工作会议观察，假如上司批评的对象是包括你在内的很多人，就不用将这些批评过于放在心上。上司就是这种风格，即使他的批评没有道理，也不要在公开场合与他顶撞。

2. 上司批评你，是为了达到某种警醒的目的

可能公司里存在某种不好的现象，不一定发生在你身上，却对公司正常运营造成一定的负面影响。上司想遏制这种现象蔓延，但是有些人他不方便直接点名，或者说不想惹那些人，只能找个人来点出问题所在。由于上司与你关系比较好，他觉得拿你来说事比较稳妥。

这时候，就会出现你无端受批评的情况。其实，你并未犯什么过错，只是代人受过而已。假如背后的实情是这样，你就更不用难过，完全可以当成上司批评别人。

人活一世，难免会遇到磕磕绊绊。每段经历都是职场生涯不可或缺的一部分，想要最终攀上职业生涯的高峰，就要走好脚下的每一步。

3. 控制好情绪，主动沟通，获得个人成长

面对上司无端批评，我们要做好以下几点：

首先，要控制好自己的情绪，不能破罐子破摔。

不能认为反正上司这样批评我，我在他心里也就这个形象，在这家公司待不下去了。被这样的负面情绪包裹，情况只会更糟糕。

能成就大事之人，必然是心态稳定，坦然地面对各种情况。无论顺境、逆境，宠辱不惊。心态崩了，正常的大脑思考就会停止运转。生活中的很多不顺心，不利的客观环境是一方面，不良情绪更是造成逆境的关键因素。掌控好情绪的阀门，意味着你比绝大多数人高出一大截，更容易在激烈的竞争中获胜。保持情绪不出现大幅度波动，更是一个人成熟的表现。相信大多数上司，愿意给予成熟员工更多机会。

哪怕那些特别喜欢批评人的上司，到某个时候，他会反思自己的工作方式。毕竟任何管理者都不想成为光杆司令，以批评别人为嗜好，注定会让上司与下属的关系紧张。

其次，加强与上司沟通，主动汇报工作开展情况。

看上去是无端批评，实际上背后的根本原因是沟通不畅所致。职场中，不要指望上司主动了解你。上司不是面对你一个人，而是面对一群人，他的时间和精力做不到对你充分了解。不了解可能产生误会，导致他就某个问题对你横加指责。

既然如此，你就要未雨绸缪，在误会产生前主动与上司沟通。当然，也不是让你走进上司的办公室聊天。职场不是茶室、咖啡厅，与工作无关的话题不适用于你和上司之间的交流。你要和上司多汇报工作进度，让他知道自己的工作进度。汇报不要泛泛而谈，一定要有更多方案细节等内容，这样即使没有阶段性的成果，也能让上司感受到你在努力。汇报过程中也不要忘记带有请教、请示的口吻，哪怕这项工作你早已成竹在胸。

最后，获得能力上的成长，让自己变得不可或缺。

人与人的关系，其实是能力上的博弈。假如你是一个没有能力的小白，上司通常对你颐指气使、吆三喝四，骨子里透出对你的不屑。假如你是公司业务骨干呢？上司对待你的态度自然会更加客气、礼貌。

想要不被上司随意批评，那就让自己变得更有价值。获得能力上的成长，永远比搞好与上司的关系更重要。前者是治本，后者只是治标。或许换了上司，过去那套处理与上司关系的方式就会失效。能力超强，对所有类型的上司都是有效的。所谓"人有东南西北风，咬定青山不放松"，能力就是你必须咬定的"青山"。

不在背后谈论别人

1. 一场惹麻烦的下午茶

菲菲对我讲过一个刚入职时的故事。

那时，她和很多职场新人一样，总想着尽快融入新环境。这天下午，她好不容易完成上司交办的任务，伸着懒腰从办公室走出来，无意间路过茶水间，里面聚集了好几位同事。咖啡机不停运转，研磨出一杯杯散发着诱人香味的咖啡。甜品、薯片、可乐以及其他饮料，诱惑着每个人的味蕾。

每天下午茶时间的咖啡和零食是免费的，这是公司给每位正式员工的福利，当初菲菲求职时，这点福利也是吸引她的地方。

人们端起咖啡杯，品尝零食的同时放松紧张的神经。随后，大家聊起工作中的情况，菲菲听得很仔细，恨不得用纸笔记录下来。这些前辈们叱咤职场多年，他们的经验教训对她有着很好的借鉴作用。

大家聊着聊着，话题悄然之间发生转移，不再是关于项目、客户，而是涉及公司里的某些人。

这个高个子女生和菲菲是同一个部门的，她吐槽的对象是部门经理。

在她口中，部门经理就是刁钻刻薄、是非不分、没有一点人性的"恶魔"。他一点不懂得怜香惜玉，无论是谁，哪怕是未造成严重影响的小错误，都会被他叫进办公室骂得狗血喷头。不知道有多少员工颤颤巍巍地走进这间办公室，红着眼圈出来，好一阵子才能缓过神来。

这句话精准地击中菲菲的心脏。就在几天前，正如这位女生所说，她也经历过这种"单练"的待遇。经理说话一点情面不留，根本不顾及她这些天起早贪黑、夙夜不息的苦劳。他只看结果，不管自己在过程中付出多少。难听的词汇钻进耳朵，菲菲从小到大没被这么骂过。她没有忍住溢满眼眶的泪水，大哭起来。

她赞同了这个女生的说法，表示自己就受过这样的委屈。

女生又说，这个"黑面神"不仅尖刻冷酷，对人还特别抠门。每次部门有紧急任务需要加班，按理说身为部门负责人，应该替下属解决后顾之忧，至少订几份外卖不为过吧。他倒好，每次只解决自己的吃饭问题。遇到加班超过十一点，过了地铁、公交的末班车时间，善解人意的上司一般答应报销打车回家的费用。他呢？依然让员工自己承担通勤费用。他还振振有词："公司已经付给你工资，包括上下班交通的费用，既然如此，就不能重复给钱。"几十元打车费用，对月入两三万的经理来说不算什么，但对于像菲菲这样的新人，差不多是小半天的工资。不花这个钱，还能用什么方式回到住处？难道从公司走回去？对身体瘦弱的女孩子来说，深更半夜独自走在行人稀少的大街上，危险系数不言而喻。

女生的话再次引起菲菲的共鸣。

菲菲原以为这不过是一场非正式场合的闲聊。不曾想过了几天，那个骂人不留情面的经理就把她叫进办公室，责问她是否在背地里说自己的坏话。菲菲极力辩解，经理却说别人听得清清楚楚。菲菲想要找这个"告密者"对质，经理冷笑道："既然你还这么嘴硬，我看你就不要在公司混下去了，去人力资源部结算工资吧。"

后来听说，那个女生也被公司辞退。

2.以讹传讹，真的很可怕

类似场景在职场中并不罕见。特别到了下午茶或者午休时间，明星的品行嗜好、情感八卦，都会成为人们茶余饭后的谈资。只不过有时候，议论对象从名人转移到身边之人。

聊聊明星的八卦新闻，本来就是同事之间关系的润滑剂，有助于拉近你与他人的心理距离。如果谈论对象切换到公司里的人，就不要随便掺和了。

哪怕这人不是老板，不是你的顶头上司，也不是同一个办公室的同事，可能只是其他部门的负责人或者普通职员，也请管好这张嘴。

很多人就是管不好这张嘴，不知不觉中得罪人，吃了亏、栽了跟头。

某个群体中，总有极个别喜欢嚼舌头的人。他们以"消息灵通人士"自居，但是这些小道消息的真实性有待甄别。讲述过程中，往往掺杂着主观臆断，包含了极强的嫉妒心理。反正，他们就是见不得别人过得好。比如瞅见某些人升职升得快了，不从自身找问题，不客观分析别人获得上司赏识的真实原因，而是添油加醋，恶意揣测别人用了不正当手段。

时间久了，搬弄是非之人在公司中不一定吃得开。大家也就把这些小道消息、八卦当成耳边风，根本不会当真。

有些新人经验不足，不知不觉参与到品评别人言行的行列中。他们可能吃过某位上司的苦，或者对自己的郁郁不得志耿耿于怀，正好有人替自己把想说的话说出来，毫无顾虑地跌进别人挖的坑中。直到得罪人的恶果显现，新人们才恍然大悟。

背后议论别人的话，会通过"口口相传"的方式快速传播。传播过程中，你的原话会被扭曲、走样，传到相关人员那里时，可能和你说的内容早已大相径庭。这让我想起一个"拷贝不走样"游戏。一块块挡板将一排人分隔开，每个人都戴上一个耳机，耳机里播放音乐，就是为了防止偷听到要传播的信息。游戏开始，主持人将信息告知第一个人，随后第一块挡板落下，第一个人不能直接说出信息，只能用肢体动作表达含义。经过多轮传递后，最后一个人说出来的内容可能让人啼笑皆非。

肢体动作存在多义性，夹杂了每个人的主观想法；语言也有歧义，同样在其中添加了很多内容。也许你并没有诋毁当事人，却让别人听上去非常刺耳。

汉代的王充在《论衡·书虚》中提到一个"丁公凿井"的典故。春秋时期，宋国有个姓丁的老汉，人们都称他为丁公。丁公以务农为生，但是附近没有河流，浇灌只能使用井水。丁公家中没有凿井，庄稼需要浇水时，他不得不到其他人家的井中汲水，然后挑到自己的地中。为此，丁家不得不派一个人专门负责去邻居家挑水。

长此以往，丁公觉得非常麻烦，终于在自家田头挖了一口井。面对这口咕咕冒水的井，他的脸上绽放出欣慰的笑容，将来饮水、洗衣就不需要劳烦一个人出去挑水，等于凭空增加了一个劳动力。他兴奋地对邻居说："我家凿了一口井，等于挖到了一个人。"

这位邻居没听清楚，把丁公的话传成："丁公家挖井挖到了一个人！"这话一传十，十传百，传遍了整个宋国。有人还把这件事向宋国国君作了禀报。

宋国国君派官员向丁公询问这件事。丁公回答说："我说的是我家凿了一口井，等于家中多了一个能劳动的人，而不是在井中挖到一个人。"

宋国国君听到禀报后笑着说："我还纳闷，井中怎么可能挖出人来呢？"

你看看，以讹传讹，能传到这么荒诞离谱的地步。

3. 别指望其他人为你保守秘密

可能有人对你说："放心，我们今天说的话，不会再有别人知道。"在这番信誓旦旦的蛊惑下，你信口开河的胆子才大起来。

所谓承诺，在利益面前如同一张弱不禁风的纸，一捅就破。

大家来公司上班有一个共同目的，挣钱养活自己和家人，满足基本的物质生活需求。别提太大的目标，只有基本物质需求得到满足的前提下，才会有更高的精神追求。

利益原则，永远是企业中最重要的法则。世界上没有永远的朋友，也没有永远的敌人，可能今天这个人看似和你关系"很铁"，到了某个时间点，因为利益冲突，这样的"关系"就会土崩瓦解。尤其当你们为了一个职位争得头破血流，你口无遮拦说的话就被捅出来了。不要以为这是危言耸听，这样的例子比比皆是，只不过你和别人暂时没有利益冲突罢了。

指望别人替你的言论保密，特别是你关于上司的言论，很容易成为别人反过来攻击你的武器。

有些人不冷不热，但是讲到别人的私生活就侃侃而谈，打开话匣子就再也刹不住，这样的人更要提防。他上一秒和你聊了别人的隐私，下一秒就可能拿你的隐私拉近与其他人的距离。

当你的心事一不小心成了众人皆知的"秘密"，想想就觉得心烦。

听到有人在背后议论某个人，最好安静地当一个倾听者，不要随便接那个人的话茬，更不要随意加入自己的主观看法。表现得非常冷淡，这些嚼舌头的人也不会再搭讪你。

过后，最好快速忘掉这些是非之词，不要向别人提起，就当这件事没发生过。

职场中请保持适度的边界感

每个人都希望：自己的隐私不要暴露在别人的视野中。然而在职场中，越界的现象层出不穷，让人苦恼不已。如何保护自己的个人信息？如何不侵犯他人的精神领地？这需要所有人努力，保持适度的边界感。

1. 朋友圈信息惹来的麻烦

朋友圈，似乎成为我们在别人眼中的"人设"。它如同一个小舞台，我们将想要呈现出的自我展示给外界。

这种呈现，应该是有选择的、有节制的。特别在职场，不加选择地展露工作之外的另一面，可能会惹来不必要的麻烦。

小李是一家国企的员工，业余时间有写东西的爱好。他定期给杂志、公众号供稿，也会参加一些征文比赛。他在本职岗位上做得默默无闻，但是在写手圈子里小有名气。随着写作深入，越来越多平台与他签约、向他约稿，此外在各种征文比赛中，他也屡次斩获大奖。

只要有发稿或者获奖，他都会在朋友圈晒出来。

"我的稿子在某某平台刊发，稿费颇丰。"

"我的作品从 5 万多篇参赛作品中脱颖而出，获得某某写作大赛特等奖，奖金10万元。"

"我与某某平台签约，后期将重点打造包装我。"

类似信息，几乎每天出现在小李的朋友圈。每条信息后留下一大片点赞和留言，小李沉浸在这些溢美之词中。

他完全不曾意识到，一场危机正在慢慢逼近。

这天下班前，上司把他叫进办公室，狠狠地批了他一通，说他不敬业，把时间浪费在与工作完全不相干的闲事上。

小李觉得自己非常委屈，明明自己按时完成工作，何谈不务正业？他的工作量本来就不可能从上班忙到下班，身边的同事也会在上班时间走一会儿神。既然大家都是这样的工作状态，为什么要给他扣上这顶"帽子"？

上司点开手机，翻到小李朋友圈的信息，没好气地说："你创作了这么多作品，不可能都在下班时间完成，有些是上班时间写的吧。"

小李差点气晕了，直接说出办公室其他人在上班时同样不务正业。上司驳斥他，别人上班的情况，他拿不到证据，他的朋友圈大家都看得到，现在全公司都知道小李利用上班时间干私活。

下班回来，小李越想越生气：自己又没去伤害别人，写点稿子、拿点奖金，居然遭到别人这样的嫉妒。大家不都是这样吗？为什么特别针对自己？

他干脆一不做二不休，在朋友圈发更多这类信息。

到了年底，他的考核是部门里最低的。连续好几年，他都稳稳垫底。正巧遇上公司改制，他成为被淘汰的那个人。

微信朋友圈确实是一个非常"烫手的山芋"，处理不好可能在无形之中给自己添堵。

有的人会在朋友圈晒娃、晒个人生活,恨不得世界上所有人都知道自己当下的动态;有的人朋友圈空空如也,只显示三天朋友圈,将其他人的好奇心拒之门外;有的人朋友圈不设任何门槛,谁都可以欣赏;有的人朋友圈只对特定群体开放。这种对待朋友圈的不同态度,显示出大家内心深处强弱不同的"边界感"。

不是不可以在朋友圈晒出自己的成绩,毕竟大家都希望从他人那里获得认同。但是这个度,需要好好把握。不分青红皂白地显摆注定引来他人嫉恨。

小李的边界感很弱,随意暴露自己,注定会在职场中吃亏,值得警醒。

2. 请不要轻易侵犯别人的"私属领地"

与这种过度自我暴露相对应的是,肆意侵犯别人的"私属领地"。职场中不乏这种喜欢八卦、喜欢窥探别人隐私的人。

小张就是这样的人。一开始,她外向的性格、幽默的话语风格赢得了不少同事的喜欢。可是时间一久,大家都开始疏离她。

有一次,一位女同事提到自己开始练瑜伽,感觉瑜伽对改善身心健康帮助很大。同事们纷纷附和,说瑜伽确实是一项非常有益的有氧活动。

小张不合时宜地问同事:"你在哪家健身房或者瑜伽馆练习?有没有男教练?教练的资质如何?一同练习的人中是不是男学员居多?家人对你练习瑜伽支持吗?"

那位同事的面部表情非常尴尬,她不想透露练习瑜伽过程中的更多细节。但是小张当着这么多人的面开口问了，不做出一点回答有些不合时宜，她支支吾吾地回答，刻意模糊关键信息。小张不依不饶，非要问出一个结果。即使周围人打断她，试图岔到其他话题上，她依然把话茬拉回来。

闹到最后，那位同事只好一走了之。

几天后，小张又故技重施。几个年轻的女同事说起照顾孩子很累，特别是孩子在夜间不安分，晚上需要很多次起夜，给孩子喂奶。遇到孩子生病，去医院儿科挂急诊时，需要等候很长时间。这个时候，多么渴望丈夫能陪在身边。

本来，这只是女人对丈夫的一点点抱怨。没想到，这个话题也激起了小张的兴趣。

她问同事："你的丈夫做什么工作？他结婚前是不是比较关心你、疼爱你，结婚后才变成这副样子？发生这种变化，你觉得原因是什么？"

可能她是出于好心，希望帮助同事分析这种变化背后的原因。不过同事们并不需要建议，只是想宣泄一下情绪。

她这么说，给别人的感受就是想打听自己家里的情况。被问者瞪着眼睛说："我和你交情不深，凭什么告诉你？"

职场不是熟人社会，大家为了生存过来上班，这是办公室与熟人群体完全不同的地方。

即使是朋友，也需要给对方留有一定的隐私余地，更何况我们和同事不是朋友关系，不能去窥探别人的私人生活，需要避免"交浅言深"的情况，以免引起别人的厌恶。

3. 当别人的手伸向你的领地时

职场中,最忌讳个人职责不清。

有人认为应该多做点工作,那些工作虽不在自己的职责范围内,但一定能建立良好的人缘。

这种想法有点一厢情愿。首先那些各项制度比较完善的公司,肯定有一整套考核流程。假如你的业绩不达标,也不会因为多做分外之事,就能顺利通过考核。

不仅如此,这种热心肠还会引来很多麻烦。

小陈是"有求必应"的员工,凡是同事对他提的要求,哪怕超出他的能力范围,他也会答应下来。

他的工作非常繁忙,但是办公室里几位同事的午餐外卖,一般都由他来叫。别人有需要复印、传递资料、帮忙联系某个人,基本上都会找他。为了帮助别人,他不得不停下手头工作。

由于做了很多不属于他的工作,他的下班时间越来越晚。

同事们可以随意差遣他,上司对他更加不仁慈。他经常会在下班时间下达任务,有时候已经到了晚上十一点,还要强迫他在第二天拿出成果。为此,他又不得不熬夜加班,身体情况堪忧。

终于他生了一场病,医生建议他好好休息,即使身体痊愈也不能随便熬夜。

小陈改变了策略,别人突然得不到他的帮助,上司突然不能在深夜时使唤他,难免心生怨气。他不仅没有赢得好人缘,别人反而在背后说他的坏话。

4. 良好的职场生活要保持适度的边界感

无论是别人的手伸向你的领地，还是你热衷于窥探别人的生活，背后都是不自信的心理在作祟。

喜欢窥探别人隐私，除了好奇心作祟，其实是对已掌握情况的不自信。不敢拒绝别人对自己的入侵，更是害怕拒绝带来负面影响。

想要扭转这两种非正常状态，先要扭转这种错误的心理机制。要意识到窥探别人的隐私无助于建立自信，只会引起别人的反感。来自别人的负面反馈会令自己更不自信，陷入恶性循环。

不敢拒绝别人，需要放下不必要的心理负担。每个人都有做自己的权利，都有说"不"的权利。即便是上司，只要你讲的在理，也不会因为说"不"而过分为难你。

想要摆脱这种处处受别人控制、摆布的状态，就要明确提出自己坚持的原则和理由，当然方式方法可以是温柔而坚定的，以便让别人了解你的底线。

懂得适度与上司、同事保持距离，把精力集中在工作上，不要因为"看起来关系不错"，就胡言乱语、口无遮拦，对别人的隐私或不想透露的情况不停追问。

至于工作任务，一定要分清界限。如果是自身工作职责，只要在能力范围内，尽量不要去麻烦别人，不能随意推卸责任。遇到需要别人帮助的情况，态度也一定要诚恳，不要摆出一副别人应该帮你的模样。

属于其他同事的职责范围，不要主动去包揽，遇到不合理的要求，要学会合理拒绝。特别是上司提出的不合理要求，更不能不分青红皂白全部接受。尽量避免工作和生活的界限模糊，工作时兢兢业业，休息时就要彻底放松下来。

职场中，请保持适度的边界感，这样你本人舒服，也会赢得别人的尊重。

| 第四章 |

获得个人成长,让自己变得更强大

人需要的不只是智商、情商，还有复原力

1. 每个人都会被命运这把刀无情划伤

人生无常，无论是在职场中还是在生活中，总有"黑天鹅"猝然降临，让人措手不及。生老病死，某个时间毫无征兆地砸向我们，特别是苦难无情地击中本人或者身边最亲近的人，撕裂感尤甚。

人生的绝大多数时间中，我们处在平静的状态中。即使看到类似情形发生在其他人身上，我们也会劝说别人"想开点""天底下没有迈不过去的坎儿"。然而当厄运来到自己头上，绝大多数人不会像劝说别人时那么淡定，而是乱了方寸，工作和生活的正常节奏被彻底打乱。

正因为如此，人需要的不仅仅是智商、情商，还有另外一种元素——复原力，它决定一个人能否在变化多端的人生之路上走得更远。

我在情绪最低落、最无助的时候，邂逅这本《另一种选择：直面逆境，培养复原力，重拾快乐》。这本书没有停留在空洞的说教和理论上，作者结合亲身经历，讲述她如何走出丈夫离世的悲痛记忆，提出"复原力"概念，让读者热泪盈眶。

作者谢丽尔·桑德伯格是一位自带光环的女神级人物，她是

"脸书"的首席运营官,"脸书"在她的运作下成为国外社交网络服务网站的翘楚,由此获得"脸书第一夫人"的美称。

这位大咖级人物同样无法躲避生老病死带来的苦痛。丈夫去世后,她经历过一段人生低谷期。这本书以这段人生低谷期为蓝本,采访不同领域的人物,找出治愈各种心灵创伤的良方。

每个人都会被命运这把刀无情划伤,只不过每个人的愈合时间有长有短,有人一直走不出来,终日生活在阴影中。

造成这么大差别的原因,就是书中提出的"复原力"概念。

复原力是指面对逆境、创伤、悲剧、威胁或其他重大压力的良好适应过程,也就是被逆境打压后的恢复和反弹能力。能否走出困境并非灾难或逆境本身,而是取决于一个人复原能力有多强。

2. 复原力是留给自己战胜各种困难的最后一道屏障

我的朋友珍妮,花了整整五年时间才走出内心的阴霾。

珍妮坐在我面前,穿着得体的职业装、带着一副小米防蓝光护目眼镜,举止言行优雅得体,怎么也无法将她与双向抑郁症联系在一起。

五年前她准备和相恋三年的男友结婚,意外发现男友和他的初恋女友始终保持暧昧关系。珍妮要求男友在她和初恋女友之间做出选择,没想到自己会是那个出局者。

咽下失恋的痛苦,她拼命加班工作,不给自己一丝喘息时间,试图用极度忙碌填补精神上的空虚。但是因为一次工作失误,所有努力化为泡影。她被老板辞退,而就在一周前,老板还信誓旦旦地告诉她,完成这个项目就可以升职加薪。

情场、职场，她都是不折不扣的失败者。个人价值被彻底否定，她走入无边的情绪沙漠中。

大多数时候，她不愿意说话，把自己关在房间里，不和朋友交流。某个时间点，她会变得极其狂躁，对父母乱发脾气。无奈之下，父母只好带她去看心理医生。

某种意外、伤害、打击，会在人们心中留下负面情绪。如果这种"情感垃圾"长期得不到清理，人们长期无法从极度低落的状态中走出来，就会像埋下一颗定时炸弹一样，在某个时刻或遇到某个事件就突然爆发。

复原力被称作弹性适应力、韧商、逆商，不一定与个人的社会地位或取得的成就成正比。有些人看上去非常失败，却能愈挫愈勇；有些人是某个领域的成功人士，却因为一次很不起眼的失败一蹶不振，甚至自杀。

这就是复原力的重要性，每个人都会经历意料之外的苦痛，缺少复原力的人，像一根缺少弹性的橡皮筋，一拉即断，滑入无底的深渊。

我们平时过多强调智商、情商，这两项指标更多是表现给其他人看，体现出一种对外关系，而复原力是留给自己战胜各种困难的最后一道屏障。

3. 避免陷入"3P陷阱"

造成复原力低下主要有主客观方面的原因，客观原因涉及家人、朋友的支持，所处环境的影响，限于篇幅，本文不做详细论述。这里只想重点论述个体上的主观因素。

"3P陷阱"是心理学家马丁·塞利格曼提出的概念，是指个人化、普遍性和持久性，"3P"就是这三个英文单词的首字母。"3P陷阱"就是损伤复原力的罪魁祸首。

个人化陷阱是指遭遇不幸的人，认为发生的不幸全是自己的过错。

普遍性陷阱是指人们遇到打击时，会将不幸扩展到生活的其他方面。

持久性陷阱是指人们会认为不幸将永远持续下去，没有终结的那一天。

在《另一种选择：直面逆境，培养复原力，重拾快乐》一书中，作者谢丽尔·桑德伯格的丈夫戴夫·桑德伯格于2015年5月突然去世，谢丽尔在书中留下这段灰色的文字："我陷入了空虚。巨大的空虚占据了我的心脏、我的肺叶，限制了我思考的能力，甚至呼吸的能力。"

谢丽尔首先表现出"个人化"，认为丈夫的死，自己负有不可推卸的责任，要是自己少加一些班，多在家里陪陪丈夫和孩子，多尽到一点妻子的责任，丈夫就不会死去。

接着她又陷入"普遍性"的魔咒，认为丈夫的死毁掉她和孩子们的一切快乐，巨大的空虚甚至让她无法呼吸。如果要给这个伤害加上期限，也许是"一万年"。

其实，被巨大悲痛冲昏头脑的谢丽尔完全找错了问责对象，无形中不切实际地夸大了负面事件的杀伤力。

即便她一刻不离地守在丈夫身边，也无法阻止死神带走丈夫的生命。至于"普遍性""持久性"，更是非理性的想法。丈夫离世确实会产生巨大悲痛，不过她可以开始一段新的生活，这不是冷漠无情,相信在天堂的丈夫也希望她能好好活下去。

走出"个人化""普遍性""持久性"的误区,才能将更多精力集中在伤痛的复原上;正确看待某个伤害事件,不过分夸大它的危害和影响,让自己尽早回归正常的生活轨道。

4.如何建立强大的复原力

我们不是生来就拥有复原力的,复原力需要我们在后天培养和提升。意外、灾难、伤害会给人带来巨大悲痛,但它们同样是构筑强大复原力的机遇。那么,如何建立强大的复原力呢?

第一,停止无谓的"自我攻击",给自己更多宽容。遇到亲人离世这类事件,理性思考被暂时阻断,很容易将攻击矛头对准自己,产生内疚、过分自责的心理。

即便过程中确实犯过一点小错误,也不能以偏概全,将全部责任揽到自己身上。"金无足赤、人无完人。"每个人都有缺陷,都会犯点错误,不必让这些小错误成为一生背负的梦魇。给自己多一点宽容,快速进入下一步的修复中。

第二,努力寻找生活中的小快乐。要做到这一点,先要克服伤害的"普遍性""持久性"的误区。某个伤害只是一个孤立事件,可能会在一定领域内造成伤害,但不会让生活一片漆黑。它没有这么大的能力,真的没有!

还有要相信"时间会冲淡一切""伤痛总会过去",不会有永远让你一蹶不振的伤害。有了这样的自信,再去寻找生活中的点滴快乐。可以准备一个笔记本,记录每天生活工作中的"小确幸",有空就可以翻一翻,有助于建立自信和获取快乐的能力。

第三，采用某种特定方法填补创伤带来的"精神窟窿"。创伤会让一个人的精神陷入空虚，不及时补上这个窟窿，只会让伤害进一步发酵。人在无所事事时最容易胡思乱想，这些杂乱无章的想法中，负面想法往往会占大多数。

可以做一些你以前没时间去做的事，最好是与你的兴趣爱好相关的，比如某项球类运动、某项技能，在从事这项爱好和技能学习的过程中，可以让你暂时忘记创伤。

如果靠个人力量无法战胜困难，不妨寻求其他人的帮助。比如家人、朋友就是你最坚强的后盾，毫无保留地向他们倾诉。或者加入某个志同道合的群体，通过丰富的活动和交流，慢慢恢复自己的社交能力。

人生拼的不只是智商、情商，这些只能让你取得名利和荣誉。失去是每个人的必修课，特别是当你失去亲人、爱人时，复原力就显得尤为重要。

做一个不易被伤害击垮的人，才能在漫漫人生中游刃有余。

35岁真的是你的职业"天花板"吗

1. 为什么35岁会成为职业"天花板"

为什么企业这么在乎35岁这个年龄？

随着年龄增长，人体机能大幅度下降，特别是过了35岁，下降幅度加速。机能下降，必然让人精力不济，无法适应高强度的工作。

此外，35岁以上的员工"上有老、下有小"。父母年迈，一有风吹草动，就需要去医院接受治疗。

孩子也需要操心，遇见不省心的孩子，老师经常把家长叫到办公室。相比那些没家庭、没孩子的年轻员工，这么多干扰因素难免让他们分心，导致无法心无旁骛地开展工作。

除了生理机能以及家庭原因，35岁以上的员工在主观上容易陷入职业倦怠。少了拼劲，更没有了年轻时的胆量，到了35岁积累了一定的工作经验，有了一定的地位和身份，做事会显得谨慎，缺少"初生牛犊不怕虎"的冲劲，更多时候按部就班地执行任务。日复一日，厌倦情绪产生，在这种心理驱使下，想在工作中取得突破变得难上加难。

不要以为进入管理层就高枕无忧。手下都在拼命，你还好意思回家过滋润的小日子？真要这么干，一个团队内部的氛围肯定出问题，到时候领导前后算账，难逃"卷铺盖走人"的命运。

还有就是你的收入。公司会计算在每个员工身上投入的成本和产出收益。35岁以上的员工在精力、冲劲方面拼不过年轻人，一旦贡献达不到预期，薪资水平又偏高，性价比低，公司肯定会挥起"奥卡姆剃刀"。

这样看来，35岁确实在一些行业是职业发展的"天花板"，是一柄悬在员工头顶的达摩克利斯之剑，随时会落下来。

2. 只想着过好眼下的日子，35岁确实悬了

现在有一种观点叫"活在当下"。从生活态度来说，这种观点完全正确。不必纠结于过去，更不必过分幻想未来，过好每个"现在"，就是过好整个人生。

这种健康的生活态度在职场中却不适用。只想着做好眼皮子底下这摊工作，不去想未来可能面临的危机，自以为"车到山前必有路"，很可能在接到人力资源部的通知时手足无措。

我目睹过不少35岁的员工含泪离开工作岗位。他们重新进入就业市场，竞争力还不如刚毕业的应届大学生。那些应届毕业生有活力、有精力，可塑性强，未来具有巨大的升值潜力。公司看重他们身上"黑马股"的潜力，愿意花时间培养他们。

按照工作岗位要求来说，他们完全是称职的员工。可是，仅仅称职就够了吗？

这些员工从称职员工，滑落到裁员名单中，很大程度上在于只想着过好眼皮子底下的日子。如果精力和体力永远保持年轻时的状态，你可以忽略我的观点，选择安然地"活在当下"。

造物主是残酷的，不断蚕食你的生命力，让你一步步走向衰老。当你发现拼不过后起之秀，当你发现除了会做你手头这份工作、没有其他施展才华的领域，惶恐感和无力感会油然而生。

35岁只是笼统概念。 只想着做好眼下的工作，只过好眼下的小日子，到了35岁或者还不到35岁，你就真悬了。

3. 未雨绸缪，不该等到危机产生才意识到"狼来了"

对于35岁以上的员工来说，"狼来了"不仅仅是一句吓人的

话,而是真真切切响起的"警报"。

有些办法可以在一定程度上缓和"35岁魔咒"的影响。比如可以用自身能力抵御失业风险。

要想获得硬实力,必须在某个行业、领域有长期积累。说到这里,我们应该明白:狼来了,不该等到危机真正到来时才意识到。

换而言之,要想抵御这场危机,应该将防范危机的时间点往前挪,挪到 30 岁,甚至更早。这么宝贵的黄金期,不能在网络游戏、酒吧夜店中虚掷。

好好利用"2"字开头的这十年,这是你人生最重要的增值期。努力学习一门技艺,并将技艺学精,出类拔萃。

这门技艺可以与工作有关,也可以与工作无关。前者容易一些,后者需要结合天赋和兴趣爱好,在业余时间不断打磨。

除了提升核心竞争力,获取知名度也非常重要。在这个不断变化发展的年代,靠一个人单打独斗非常难。找到能与你合作、能给你带来提携和帮助的贵人,不断积累人脉资源,也需要你去努力。

一切建立在你有硬实力的基础上。自己样样稀松,别人不会给你一副好脸色。但如果你是一位实力派大咖,别人则会热脸相迎。

不要说世态炎凉,把注意力放在自己身上,让自己在各个方面变得强大。

只要你能从一只小船变成一艘航空母舰,大风大浪在你面前也会变得黯然失色。

4. 形成持续变现能力

除了完成自己的工作,还要善于发掘自己的能力和天赋,在其他相关领域开辟出一片天空。这样即便到了35岁，你也有了一条退路。

我采访过一位在业内有名气的职业规划师。他曾任职于多家外企，担任人力资源相关的岗位，繁忙的工作之余，他参加一些心理学和沟通课程，悉心研究职场中如何实现更有效的沟通。他将学习思考的成果，变成一篇篇干货满满的文字，在公众号和其他自媒体平台收获了数十万粉丝。

35岁那年，他主动向管理层提出辞呈。有猎头邀请他去另一家世界500强企业，他拒绝了这个别人眼中的"美差"。他不想把一年365天的绝大多数时间，都浪费在出差途中。他决心做自己喜欢的事，用文字和多年积累的专业知识养活自己。

他在内容平台上开了专栏，一篇稿子就有几千元收入。他在知识付费平台上开设课程，涵盖职场沟通、情商等领域，每门课都深受学员的欢迎。加上各种平台的打赏，不定时地外出讲座和授课，他的收入是做人力资源工作时的十多倍。

收入是一个方面，最重要的是他不必看别人的脸色，可以自由支配时间。精神好可以多上一点课、多写一点稿子；状态不佳可以选择休息，不必过分透支身体。

这种财务自由、行为自由的生活方式，想必令每个人心驰神往。

我们只看到这位行业大咖表面上的光鲜，却忽略了他在做人力资源工作时付出的艰辛。当时，他拿着一份工资、操着两份心，本职工作肯定不能耽误，同时也不能停下让自己变得更有竞争力的脚步。

那个时候，他几乎没有额外收入，只有不断付出时间和精力，投入写作和各种培训中。

这种日子，用一个字概括，就是"累"。这种累，让他变得更加值钱。

有人说这个时代最不缺的就是知识。面对海量的知识，面对残酷激烈的竞争，现代人对于知识的饥渴和焦虑远比以前更为迫切。这就导致了"知识变现"时代的到来，让各类知识付费平台不断涌现。

不断学习、不断思考，形成自己的知识体系，形成自己的观点和主张，才能成就一名持续变现的精英。

多一项技能，会让你的人生航船变得更加稳固，更能应对"职场海洋"中的风浪。

年轻时，投资自己比存钱更重要

1. 花钱将自己打造成"潜力股"

花钱投资自己，首先是在能力上将自己打造成"潜力股"。

大学刚毕业时，好友阿发进入一家收入稳定的大型国企。这家国企是行业内的龙头老大，他的工作岗位属于清闲的那种，是大家公认的"活少钱多"的肥差。

工作一年后，阿发向人力资源部递交辞呈。父母不理解他的选择，这么好的工作打着灯笼都难找，为什么由着性子瞎折腾？他振振有词，工作和专业不对口，不甘心。

我和阿发学的都是心理学专业，应该选择心理咨询这类对口的工作。可是成为一名心理咨询师，首先要参加国家三级、二级心理咨询师资格考试，还要参加各种应用心理学培训。前期投入非常巨大，后面还不一定能在这个行业中干出名堂。而且当时国人对心理咨询存有偏见，哪怕心理问题越来越普遍，很多人还是将接受心理咨询与精神病联系在一起，投以异样的目光。

为了不成为其他人眼中的另类，除非到了万不得已的程度，很多人不愿接受专业人员的心理疏导。正因为如此，国内的心理咨询师相比国外同行过得不那么滋润。

我劝说阿发慎重考虑再做决定，他用自嘲的口吻说："如果将来流落街头，你一定要收留我这条'丧家犬'。"

阿发花了两年时间通过心理咨询师资格考试。随后三年，他把时间都用在参加各种心理咨询培训中。

他不是在培训的课堂上，就是在去培训点的路上。

近五年时间，他大概花费了十多万元，有时甚至需要靠打零工勉强维持生计。

与此同时，我没怎么给自己花钱，银行账户很快达到六位数。但没想到几年后国企改制，福利待遇和工资收入均呈现大幅度缩减，工作强度和压力比以往有增无减。我想过跳槽，可是这些年来得过且过，没参加过培训，专业知识比刚毕业时丢下不少。这个时候再去找工作，比应届毕业生的竞争力还要低。我只好忍耐。

后来，在一次同学聚会上我遇见了神采奕奕的阿发。培训费不是白花的。他逐渐形成自己的咨询风格，以罗杰斯的人本主义心理学为理论基础，通过引导、启发咨询者，调动他们自身的力量寻找破解心病的良方。通过口口相传，阿发有了稳定的客户资源，收入自然水涨船高。

用五年内几乎为零的存款，换来五年后财富的稳定增长，阿发花重金将自己打造成"潜力股"。

不要在意某个时刻的存款数额有多少，要将目光放得更加长远一点。如果花出去一分钱能带来收益，年轻时某段时间内的"月光"也是可以接受的。

2. 年轻时给自己花钱，是为了今后更好地赚钱

曾看到一篇文章中介绍通过某些手段，如何在30岁时存到人生的第一个100万元。对文章中介绍的理财和投资方法，我基本上赞同；但是"30岁要存到100万"的目标，却不是胸怀远大梦想的年轻人必须去追求的。

因为年轻，人生还有无限种可能性。年轻有输得起的资本，即便跌倒，还有爬起来东山再起的能力。

既然如此，为什么要选择如此保守的生活方式和态度？

如果年过不惑，或许可以收敛一下野心，但年轻人应该勇敢地面对各种不确定性。

既然敢于面对各种不确定性，就要敢于给自己花钱，让自己变得更加强大，让自己在他人眼中更有魅力。

这样花钱，即使一时半会儿见不到效果，甚至耗光积蓄，终究会让你在未来的某个时间熠熠生辉。

年轻时，投资自己比存钱更重要。年轻时给自己花钱，是为了今后更好地赚钱，实现更多人生价值。

不做情绪的奴隶，才是命运真正的主人

1. 拍案而起，职业生涯可能停留在较低层面

在职场中，谁都不愿意和一个情绪波动很大的人共事。因此，情绪控制是职场必须掌握的一门硬功夫。

这话说起来轻松，做起来不是那么容易。人有七情六欲，喜怒哀乐忧伤思，不同情绪是对多种境遇的反应。特别是遇到悲伤之事，比如亲密关系发生变化，或者亲人遭遇变故，没人能做到完全释然。

人有情绪很正常，但是情绪波动不该带到办公室里。办公室讲求效率，带着情绪工作，不仅会影响自己，还可能影响其他人，毕竟情绪如同病毒一般带有传染性。

综上所述，被情绪裹挟的员工，肯定不受上司待见，同事对其也敬而远之。

新人们很容易情绪化，稍微有点不开心就会使小性子。他们振振有词：工作不是来受委屈的，既然被人压迫、欺负，就要敢于反抗，让类似情况不再发生。

只是，他们情绪化的反抗，能达到预期效果吗？

前一阵子,听到毕业不到一年的小师妹哭诉:"这家公司人际关系复杂,根本不给年轻人成长的空间,我要跳槽。"

跳槽不算大事,劳资双方本来就是双向选择。找好下家、办好离职手续,不就成了?不过在小师妹面前,还是顺着她的意思将老板和主管骂了一通。安抚好这颗受伤的心,再帮她介绍几位猎头朋友。

本以为不开心的一页就这样翻过去了。孰料半年后,几位猎头朋友在微信中留言:"你介绍的是什么人?'十指不沾阳春水'的大小姐,哪个老板吃得消?"

费了好大功夫,才想起半年前和小师妹的对话。原来小师妹稍有不如意就冲别人发脾气,平时说话不注意分寸,总是有意无意地顶撞别人,根本不管是否伤到别人的自尊。

我把小师妹找来,指出她的不是。她斜睨一眼,说:"我最恨人与人之间的虚伪,有想法说出来不好吗?为什么要把不高兴、不畅快憋在心里?"

"公司不是家里,老板和同事不是你的父母,希望你克制情绪。"就在我准备慷慨陈词时,小师妹气呼呼地甩手走了。

难怪听到很多人力资源痛陈入职时间不长的年轻员工,很多都存在类似于小师妹的毛病。

这类员工被称作"草莓族",外表光鲜,却根本碰不得。也许在他们的潜意识中,还将公司当作校园,将领导和同事当作事事依着自己的家人。只要受到一点点委屈,就会控制不住情绪,要么胡乱发泄,要么撂挑子走人。

走人没关系,只是一次次拍案而起、一次次情绪失控,你的职业

生涯很可能长时间停留在较低的层面。

2. 识别和捕捉情绪背后的原因

美国社会心理学家费斯汀格提出一个很有名的心理学法则——"费斯汀格法则",即生活中的10%是由发生在你身上的事情组成,另外的90%由你对所发生的事情如何反应所决定。

换而言之,生活中有很多偶然因素,但是面对偶然性不必束手无策。因为你是命运最大的"股东",控股比例达到90%。

内心的情绪,操控着对于各种情景、事件的反应。同一件事,在A眼中不算什么,在B眼中堪比天要塌下来的大事。同样的境遇,有人能坦然接受,有人像受了天大的冤枉。前者能够顺利熬过逆境、度过苦厄,后者在愤怒和埋怨中不可终日。

不能成为情绪的奴隶。当某种情绪,尤其是负面情绪在体内大量聚集,就要学会去调节、去管理,不然情绪可能影响对事物的正确判断和反应。

师兄小C要发怒时,都会在心中告诫自己冷静下来,不把注意力停留在情绪上,关注藏在情绪背后的原因,用简要的文字在纸上或电脑上记录下来。

通过这种即兴记录,就能把自己从情绪中剥离出来。

控制情绪,首先要识别和捕捉情绪背后的原因。

情绪只是一种外在表现,内在原因很容易被忽视。尤其在盛怒的状态下,理智被降到最低程度。搞不清楚缘起何方,后面对情绪控制管理也就无从谈起。

想要识别背后的原因,先要让自己冷静下来。冷处理后,大脑的非理性系统关闭，对于自身行为的反思会逐步启动。正如上文中小C所做的那样，用最简练的方式告知自己产生情绪的原因。有了明确的标识，后面处理、化解负面情绪也就有了方向。

3. 分清主观认知与客观事实

控制情绪的本质，就是不要混淆情绪作用下的主观认知与客观事实。

比如你总认为周围人比自己优秀，自己和他们相比显得一文不值，由此产生自卑的情绪。在某些方面，你总有拿得出手的优势。但你在主观上只看到劣势，忽略自身长处，将自己卑微地摆在低人一等的位置上。

很多人总认为别人老是跟自己作对，把自己做事不顺利、结果不理想统统归罪于此，由此产生愤怒的情绪。其实对方并未从中找茬儿，很多"茬"只是你头脑中臆想出来的。

人们往往会犯情绪化的毛病，导致主观认识和客观事实南辕北辙。除了捕捉和识别情绪，对情绪的深入分析也尤为重要。

情绪如同海浪，有波峰也有波谷。过了情绪的最高潮，下面就是对情绪做深入的分析，站在局外人的角度查找情绪中的非理性成分。

不能一味地指责负面情绪。

每种情绪无所谓好坏，只是提醒我们对于某件事的态度。你需要思考是哪些行为使你产生这种情绪，写下这个行为让你感觉良好，或是为你带来好处的方面，再写下该行为让你觉得不舒服的地方。

分析情绪，如同航道中的浮标，可以引导你更好地应对今后类似的情况。

4.学会与各种情绪和平相处

电影《返老还童》中有一句很经典的台词："不顺心的时候，你可以像疯狗那样发狂，你可以破口大骂、诅咒命运、但到头来还是得放手。"

放手不是放任自流，而是一种有控制地疏导，将情绪的温度慢慢降低，降低到可以控制的范围内，学会将情绪这头肆无忌惮的"野兽"关进理性的牢笼中。

当然，对于一种情绪不能只是压抑。很多心理疾病就是长期过分压制某种情绪造成的，被压制的情绪不会凭空消失，会在某个时间点、通过某个事件的刺激爆发出来。

因此，找到适合自己的释放途径，比如大汗淋漓的各类运动，比如寄情于山水间的旅行，比如在夜深人静时读书和写作，用文字安放那颗灵魂。

一动一静间，慢慢做到与各种情绪和平相处，不被其牵着鼻子走，只有这种状态才是最为理想的。

情绪无时不在、无处不在，不必害怕各种不良情绪的出现，关键在于如何驾驭好、控制好这些负面情绪，以免给自己带来伤害。

"降服"了情绪，不做情绪的奴隶，你才是命运真正的主人。

拖延症得好好治治

1. 人啊，怎么就患上了拖延症

职场中，有一种疾病具有极强的传染性，很多人都会中招。

没错，就是拖延症，或者称为"懒癌"。

上司下达工作任务，给出完成任务的期限。你明明记得这项工作，却懒得去做，直到最后一刻才惊心动魄地完成。能完成还算好的，有些时候因为拖延延误了正常的工作进度。

还有在改变自己这件事上，也总是一拖再拖。明明知道自己是一条"咸鱼"，急需用行动去改变。不能再这样颓废下去！这个决心如此强烈，到了实施阶段就"拉胯"。可能因为当天工作很累，会推迟这个改造计划的实施。明日复明日，明日何其多，计划终究只是计划，变成了一纸空文。

岁末年初，制订新一年的工作计划、生活计划，很多人信誓旦旦，写明自己在未来一年中想要达成的目标，颇有一种"不成功便成仁"的架势。到了年底，对照年初计划，你会哀叹当初的信誓旦旦是何等低效。

可以找出种种理由，拖延你自己要做的事或者别人要求你做的工作。拖延症的威力，由此可见一斑。

和我一起玩的发小，读书时的成绩排在班级的末尾。毕业后找工作，他的收入还不及我的一半。一年多不见，这家伙就爬到了我的"头顶"上了。

对此，我有点难以置信。他究竟用了什么手段？

原来他开了一个抖音号，成功吸粉上百万。有了粉丝和流量，自然有企业前来投放广告。光靠这个号的收入，一年就有上百万。

现在，我的收入还不及他的十分之一。

一年前，他怂恿我去做抖音号。想到这些年，做自媒体的人越来越多，带来的收益与以往不可同日而语，还有繁忙的本职工作，我不想让自己活得太累，没有听从他的建议。

差距就在于此。他的执行力很强，想到就干了。我呢？找出理由拖延、搪塞。

愧疚之心由此产生。为了安抚不安的心，可能会找到一个理由说服自己：我只是懒了一点，比勤快的人懒了一点。这一年，要戒掉拖延症。

然而我和发小之间，仅仅就隔着一个"懒"字吗？

2.懒惰、拖延的背后是认知上的偏差

懒惰、拖延，很多时候只是表面现象。

发小给过我建议，我拒绝他的建议有两点原因：一是我觉得做自媒体没有希望；二是我工作太忙，分不出时间和精力。看起来，这两点原因导致我的平庸，实则前者才是更深层次的缘由。

因为我觉得做自媒体看不到希望，才会找来"工作忙、没精力"这个借口。

如果这件事在未来能带来可见的预期收益,即便再累,也会想尽办法挤出时间。哪怕只是一小时、半小时、几个月甚至一年积累下来,也能把这件事做得有模有样。

说到底,是我在认知层面出现了偏差。正如《认知突围:做复杂时代的明白人》一书中提到,**尽管我们生活在同一个星球上,但是在精神和思维层面,我们绝不是在一个世界中。**

认知,是我们对周围事物的认识,影响着我们在工作、生活中的决策。认知不同,会导致面对相同的情景,做出完全相异的反应。

有些人具有较强的洞察力,能先于他人进入未知领域;有些人哪怕很明显的机会放在眼前,也懒得在第一时间采取行动。

他们还大言不惭地说:"不是说知足常乐吗?何必再这么瞎折腾。"

即便这些人嘴上说满足于现实生活,也存在认知偏差的问题。他们看不到行动背后带来的积极变化,所谓"满足于眼下的生活",不过是认为采取行动的性价比低于保持不动。所谓"知足常乐",也不过是他们在别人面前摆出的说辞。

认知层面的差异,看不到努力背后的收益,这才是懒惰、拖延背后的深层次原因。

3. 如何在认知层面拔掉懒惰、拖延的根

既然认知如此重要,那么如何实现认知上的提升呢?在这个讲求效率的时代,人们都希望能在短时间内速成。各大平台上,关于认知的付费课程层出不穷。不过认知属于智慧层面,需要长期学

习、实践的积累，要想一蹴而就可能性非常低。

既然如此，我们不如静下心来，好好向过去的智者、当今的大咖学习，再通过自身的思考，将其与自己的知识体系融会贯通，形成更高层面的认知。

首先是向古今中外的智者学习。那些经典著作经过大浪淘沙，承载的智慧是无穷的。

这些书读起来有些累，没关系，读不懂多读几遍，运用思维导图将书中精华用图文并茂的方式呈现出来。假设一周能精读一本著作，一年就是52本，十年就是500多本，足够打下扎实的理论思想基础。

其次是争取更多机会与大咖面对面接触。大咖之所以能成为一个领域内的翘楚，注定有他在认知方面的过人之处。也许无法直接复制他的成功经历，却可以学到他观察、认知事物的方式。

也许与巴菲特共进午餐的这段时间，你无法彻底了解巴菲特，无法学得他几十年的创业经验。但是从他的只言片语中，却能解开一些困惑。

最后是深入细致的思考。就像一个人不顾一切地吃，体内的消化功能丧失，这个人估计会被食物撑死。一味学习，不对学习内容进行思考，学到的是一堆没有用的知识。

思考，是将知识变成智慧的有效途径。每个人都有自己的知识体系，有些人的体系完善，将智慧的触角延伸到很远的地方，而有些人知识体系杂乱无章，才会发出"书到用时方恨少"的悲叹。

用文字输出的形式，将思考的成果记录下来。定期对这些记录进行整理，你会发现自己看问题的方式，与今年和去年，甚至几年前有了很大不同。这就是你的成长，在认知层面的成长。

4. 拆解目标，对照目标

提升了认知层面，及时行动就变得非常关键。但是，为什么有些人还是不肯行动呢？

是因为目标和现实之间存在很大的差距，实现起来难度非常大。不将目标分解，就会让目标成为一个空洞的口号。

首先是对目标进行初步分解。从现实的 A 状态，到达最终目标的 E 状态，中间隔着 B、C、D 三个阶段性目标。根据目标实现的难度，找出这三个乃至更多的时间节点。

接着是对分目标进行深入分解，在时间进度、措施方式等方面深入分解，提出更具体的内容。

有了目标分解，还要学会对照目标进行自我检查。因为客观条件不断变化，个人主观上的认识存在局限性，最先制订的目标不一定完全适合。

就像写一本长篇小说，即便有了大纲和人物设定，后期写作中也会根据情节发展不断做出微调。要敢于调整不切实际的目标，及时对照检查。

每个小目标的实现都能进一步增强实现大目标的信心。信心上的滚雪球式递增，自然会让你摒弃懒惰心理。此时，你的注意力都在目标上，不会被其他因素干扰，偷懒的可能性大大降低。

当你意识到计划只是一纸空文，当你意识到自己和别人的巨大差距，请不要随便给自己贴上"懒惰"的标签。懒惰，只是你为自己找的借口。提升认知、及时行动、目标分解，做到这几点，你也可以复制别人取得的成功。

拖延症往往与懒惰纠缠在一起，难舍难分，这病真该好好治治了，不然真可能耽误你的大好前程。

技多不压身？小心"斜杠青年"这碗毒鸡汤

1. "斜杠"人生鸣响失业警报

不少人在"副业"方面动起脑筋。主业还是要的，绝大多数人没有勇气"裸辞"。有一份收入打底，再通过某方面技能挣来额外收入，这样的模式更为稳妥。

当然也有某些单身贵族，不是因为收入不够而开辟副业这个"第二战场"。他们就是不甘心死气沉沉地生活，希望通过副业证明自身的价值。

这样的群体有一个非常时髦的称呼——"斜杠青年"。

最近在线上做了一次分享，一位听课者私底下加了我的微信，聊起她文艺创作的经历。

她在一家企业担任文员，工作压力不大，收入水平在这座城市处在中位数水平。但是，这位女士对现状非常不满："我讨厌一眼看到头的生活，一想到几十年后干着同样的工作，拿着比现在高不了多少的薪水，内心就无比挣扎。"

稳定的工作，在她眼里成了一种束缚自己发展的桎梏。

她有过辞职的想法，但终究放弃了这个念头。她了解过外面的情况，就连那些"职场高手"，想拿到一份心仪的工作都不那么容易。

她找到了一个适合自己的身份——"斜杠青年"。除了上班，她在业余时间拿起照相机，拍摄各种奇异天象或者街头巷尾的芸芸众生。为此，她专门买了一套十几万元的专业设备。

设备只是拍好照片的硬件基础，还需要软件方面同步跟上。她报名参加了几个摄影在线培训班，缴纳不菲的学费，学了一大堆构图以及调光圈、快门的专业知识。她还加入几个摄影小组，与那些摄影发烧友约好去某地拍摄某种珍稀鸟类或者拍摄诸如日全食之类的天象。

工作之外的闲暇时光，被这样"热气腾腾"的户外拍摄所填满。大半年过去，电脑硬盘的空间被几万张高清照片所占据。

搞了一段时间的摄影，她又对绘画产生浓厚兴趣。绘画和摄影，都属于平面艺术，两者之间存在某种关联性。她相信这种关联性，能帮助她迅速在这个领域崭露头角。

她又买了一套装备，又在相关的知识付费课程上花了真金白银。折腾了几个月，留下一大堆摆不上台面的习作。直到现在，她有兴趣时还会涂上几笔。

三个月前，她忽然想起高中时，自己的作文被老师当作范文在班上朗读。大学阶段，她稀里糊涂地参加学校的文学社。作为一名曾经的文艺青年，当然不能让心中的文学之火熄灭。

报班、结识各种写作大咖、创作作品，她恨不得把每天24小时的时间掰碎使用。她给自己制订目标：每天完成一篇文稿，字数不少于1500字，以确保能在个人微信公众号上完成日更。

和我说这些,并不是炫耀她有多么厉害。她提到了"累",每天除了应付工作,她要在几样爱好中不停切换,几乎没有时间去休息。

正因为如此,难免影响全职工作。为此,领导好几次找她谈话,劝说她要把心思多放一点在工作上。到了年底,她的绩效考核不合格,如果"不合格"持续三年,辞退程序将启动。

"没想到'斜杠青年'做得这么辛苦。"她的吐槽与现实处境完全相符,不仅在这几个领域没取得成绩,失业警报却在耳边响起,典型的进退两难。

2. 学习蜻蜓点水,每一样都是"三脚猫功夫"

"斜杠青年"指不满足"专一职业"的生活方式,选择拥有多重职业、身份的人群。相比过去较为单一的职业选择,这个更为开放、包容的时代给了年轻人更多的选择。

为什么年轻人对"斜杠青年"如此推崇?最重要的原因就是不满足手头的工作。他们渴望展现个性,渴望自己的能力得到尽情发挥。

选择当一名"斜杠青年",成为那些不愿意冒太大风险,又不愿意整天被老板牵着鼻子走的年轻人的最佳选择。

想要成为"斜杠青年",需要具备某种技能。要获得某种技能,只有在业余时间充电学习。很多人由此产生误区,特别是那句"技多不压身",让他们以为多学一点技能总不会有错。

我在网上看到一则报道,某位大学毕业生在求职时,拿出了60多张证书,除了最常见的学士学位证、毕业证,还有四六级英语证书、中高级口译证书、商务英语证书、计算机等级证书、财会证书、国家二级心理咨询师以及其他一些技能证书。这些证书摊放在桌面上，蔚为壮观。

这位应届毕业生具备成为"骨灰级斜杠青年"的潜质，获得这么多数量、领域的证书，证明他的业余时间都用来学习、考证。

大学阶段能有这么多闲暇时间，工作以后不可能这么空闲。有些人效仿他什么都想学，什么都想去碰一碰，美其名曰"鸡蛋不放在同一个篮子里"。

这样的学习浅尝辄止，结果是样样稀松，很多领域都是一只"三脚猫"。

3. 还未有所建树，别急着舍本逐末

"斜杠青年"一词，在众多鸡汤类读物的宣传下，已经成为很多年轻人推崇的生活方式。"斜杠青年"说起来容易，但是处理不好，很可能遭遇上文中那样的苦恼。

首先，我们要搞清楚成为"斜杠青年"的动机。

有人想成为"斜杠青年"，并非寻求职业上的突破。由于本职工作枯燥，他们只想让业余生活更丰富一些。

在这种相对宽松的目的支配下，"斜杠青年"的步子可以迈得更大胆一些。

文学、艺术、体育以及其他技能，只要想学、想做就不必有太多顾虑。没有太大的功利性，完全可以享受学习过程中的快乐。

除了以爱好为追求目标，剩下就是期望在事业发展上有更大突破。抱有这类目的，当事人必须谨慎考虑、三思而后行。

当爱好变成工作，必然会经历一个重新学习的过程。相比爱好，事业、工作对技能的要求会高出许多。要想在新领域玩出名堂，时间的积累必不可少。

因此，这类"斜杠青年"最好不要影响本职工作。

我认识一个朋友，想做一名自由撰稿人。写作变现之路非常艰难，他利用上班时间码字，被同事们发现，继而领导找他谈话，让他把更多心思放在工作上。

他不思悔改，继续一条道走到黑，最后接到了人力资源部的辞退通知。他将写作升格为全职工作，日子过得更加艰难。每天睁眼醒来，要面对一堆刚性开销，压力倍增；收入端的增长极其缓慢，加剧内心的焦虑感。眼看存款即将耗尽，一年后，他不得不重新回到职场，至于写作这个"斜杠领域"，只能徐徐图之。

当新领域还未取得建树，砸了本职工作的饭碗，无异于舍本逐末。与其一口气吃成胖子，不如一步一个脚印，水滴石穿，功到自然成。

4.成为"斜杠青年"的几个法则

因此想做好一名"斜杠青年"，必须做好以下几点：

一是搞清楚成为"斜杠青年"的目的。究竟是将"斜杠"的领域作为爱好，还是作为未来职业发展的方向？需要做好职业规划，将"斜杠青年"涉及的领域，与手头工作结合起来，找到两者最佳的结合点。

二是找一个精准的切入点，不要将面铺得太广。很多人认为，会的东西越多，未来的发展会越好。这种"技多不压身"的说法，在过去那个分工不精细的时代非常适用。

随着分工越来越细,在某个领域略知一二,掌握皮毛知识,根本起不到作用。现代社会除了要具备相对广博的知识,对人们在"精深"的方面也提出了更高的要求。

蜻蜓点水、浮光掠影式的学习不是"斜杠青年"应有的本色。

三是不要盲目跟风。成为"斜杠青年"前,必然有一个学习的过程。网上各种知识付费课程令人眼花缭乱,质量参差不齐。先不论课程质量如何,问题在于课程内容是否适合自己。报一门不适合自己的学习班,除了浪费钱财,还耽误宝贵的时间。多对照自身的规划,不盲信别人、不眼红别人,才能做出理性的选择。

四是要做好吃苦的准备,有较强的自律性。大多数情况下"斜杠青年"在闲暇时间扮演,由于缺少硬性的制度约束,懒惰难免会乘虚而入。这个时候,自律就是最基本的修养。

此外,要想在一个领域学有所成,不经历长时间的磨砺是不可能成功的。在实践"一万小时定律"的过程中,做好吃苦的准备,增强自律性,有助于顺利走完这条通关之路。

技多不压身?不要再盲信这句古语。成为"斜杠青年",也不像那些毒鸡汤中说的那么简单。只有澄清某些错误认识,"斜杠青年"才能当得更加自信、更加理直气壮。

内向，必须得改吗

1. 内向者似乎总是吃亏

内向的人，似乎不怎么受大多数人待见。

每次朋友、同学聚会，都是外向者表现的"舞台"。他们在众人面前侃侃而谈，讲述自己在工作生活中看到、听到的奇闻逸事，收获大家的关注。内向者不合群地闷在角落，只能顾影自怜，度过寂寞的时光。

在日常生活中，人们喜欢和外向者打交道。外向者幽默、健谈，他们嘴里的笑话以及一些有趣的故事，能让人会心一笑，时光就在不经意间悄悄溜走。

那些内向者，几句客套话后就陷入沉默。谁愿意和一尊雕塑长期共处呢？长此以往，他们陷入更加孤独、更加内向的恶性循环。

在工作中，同样是外向者占据优势。现实中的绝大多数工作都需要与外界沟通。客户就不用说了，他们要了解公司的产品和服务，必须通过你这张嘴皮子才能获得信息。

上司呢，也喜欢善于沟通交流的下属。他们希望随时掌握下属工作的推进情况，需要下属们及时向自己汇报工作。说到汇报工作，很多人不以为然，不就是流水账式地说出往日做了什么，这点还说不清楚？当然，这是站在外向者的立场上。他们有条不紊地讲出子丑寅卯，条理清晰地向上司呈现工作亮点，这个他们习以为常的本领，却是老天爷赏饭给他们吃。

汇报工作看似简单，内向者做得却不那么好。他们说得有点凌乱，听上去像是小学生背书。

至于同事之间的关系，同样需要沟通这个"润滑剂"。

在现代社会中，由个人独立完成的工作越来越少，很多情况下都是团队协作。外向者左右逢源，积极与他人互动，有助于建立稳定的合作关系；内向者呢？他们如同一座孤岛，似乎离其他人那么近，又那么遥远。

2. 内向者被贴上的标签

我也是内向的性格。

读书阶段，生活轨迹就是两点一线，除了上课就是回家。放学后，其他同学在操场上踢足球，去其他地方疯玩，我几乎从未加入他们的行列，放学后背起书包直奔家里。

就算在学校，我也鲜有主动和同学交流。别说遇到异性会害羞，我和其他人说话也有些不自在，总觉得一个人待着更自在。

当然，我也享受过独处的好处。从小到大，自己的成绩从未跌出过班级前三名，箱子里装满了大大小小的奖状和荣誉证书。

我就这样成为别人家的孩子，父母不曾为我的学习操心过。

大学毕业去上班的前夕，父母不断在我耳边念叨："不能这样内向，在单位里要积极与其他人交流。这个社会，过于内向的人吃不开，你一定要改改！"

真的一定要改改吗？

内向者，似乎被贴上不好的标签。至少大多数人对内向者有几点错误认识：

一是内向者的性格怯懦。内向者说话不多，什么原因造成他们不善言辞？大多数人将原因归咎于性格缺陷。说话是人类的本能，为什么到了内向者身上就失效了？还是因为他们过于害羞、胆怯，总是担心自己说错，对自己造成不利影响。情况没有他们想的那么糟糕，一句话不能带来他们所认为的严重后果。他们需要克服胆小的毛病，不然只能一辈子这样窝囊。

二是内向者无法与他人合作、沟通。合作、沟通，首先就是要开口和别人说话。别人又不是你肚子里的蛔虫，怎么清楚你心里到底在想什么？所谓的"读心术"，通过微表情、微动作解析某个人的想法，获得的信息不一定准确。人的表情和动作具有多义性，在不同人眼中会有不同的答案，远不如直接用语言表达出来更直接、不容易产生偏差。内向者偏偏缺失了这项重要功能，把话闷在心里，交流沟通的过程不那么顺畅。总不能一直让别人猜你在想什么吧，沟通不是逻辑推理，那样对别人来说也很累！

三是内向者缺乏领导力，无法成为管理者。所谓管理者，必须有一批需要管理的下属。既然带领着一支团队，团队能否顺利运转，有赖于管理者的核心作用与领导力。发挥领导力的最有效方式，就是与下属保持沟通。看看，问题又回到和别人说话这件事上。内向者无法与别人有效沟通，势必影响上司与下属之间的信息畅通，影响整个团队的效率。身为管理者，不了解下属的情况，可能无法根据形势做出研判、决策，还有可能被下属的言行蒙蔽。既然如此，这样的管理者还是称职的管理者吗?

这些对内向者的刻板印象,真的与事实相符吗?

兰妮博士在《内向者优势》一书中,重点论述了内向者并非大家以为的那样不堪。内向者同样具有外向者所不具备的优势。即使他们在外人面前表现得沉默寡言,并不影响他们在各自领域内取得成功。相反,外向者的身上不是没有缺点,比如他们容易冲动、说话做事欠深思熟虑等。

这个世界上从来没有完美无缺或者一无是处的性格特征,无论内向者还是外向者,都可以充分发挥自身长处,取得令人羡慕的成就。

3. 内向者具备的优势

下面说说内向者具备的优势:

第一,内向者更敏感,具备更细致入微的观察力。

身为内向群体的一员,我能体会到内向带来的益处。

我从十多年前开始写作,这些年始终笔耕不辍。不时有人问我,你每天都要写几千字,哪里有那么多的素材供你来写?

估计这个问题绝大多数写作者都会被身边人问到。

这就是写作者细致入微的观察能力。写作素材,在生活中无处不在、无时不在,就看你有没有一双发现它们的慧眼。大部分人也手握写作素材的"富矿",只不过缺少洞察力,好素材白白地从身边溜走。

大部分写作者性格内向,他们塑造的主人公在作品中叱咤风云。回到现实生活中,他们一向那么安静,喜欢一个人安静地待着。

老天爷给了这些内向的写作者一双发现素材、挖掘素材的慧眼，他们的笔下源源不断产生精彩的文字。洞察力是写作的基础，内向的性格让他们对外界的事物更加敏感，更容易发现现象背后潜藏的本质。

几年前，我采访过一位王先生，他有一双令人啧啧称奇的慧眼。

王先生非常擅长"微绘"。所谓"微绘"就是在微小的介质上作画，不仅需要深厚的美术功底，还要具备对于微观世界超强的洞察能力。这两点，他身上都有。他还有同行难以企及的"超能力"：别人需要几十倍的专用放大镜才能在微小介质上作画，而他仅凭肉眼便能将构思好的图案呈现出来。

他的作品大多展现身边事物，画的最多的是女儿雯雯和一只鹦鹉。画作中，女儿活泼可爱，鹦鹉古灵精怪。他把所有感情倾注其中，想通过这种方式表达心中的爱。

他对我说，他就是一个特别内向的人，除了工作上必要的交流，其他一句多余的话都不想讲。

他极强的洞察力，在电视荧幕上得到演绎。520杯水，相同介质、相同重量，在普通人眼里，它们就是一个模子里刻出来的。他用"火眼金睛"观察每杯水，能快速准确地说出嘉宾挑中的那杯。

随后，200根蜡烛被推上来，从外表上看几乎毫无差异。他背对蜡烛坐着，工作人员用黑布蒙住他的眼睛。大约半分钟后，59号蜡烛被选中。随后，这根蜡烛被装进铁盒子里，只露出火苗，送到他身旁的桌子上。取下黑布，他仔细观察蜡烛的火焰。或许现场有微风，火焰随气流风向轻轻摇曳。只用了10秒时间，他说"可以了"。他再次被黑布蒙上眼睛，蜡烛被放回烛台。

主持人使了个小心思,将蜡烛调换到 61 号的位置。摘下黑布,挑战正式开始。他走近这些蜡烛,凝视、思考、排摸。专注的模样仿佛是在侦破一起刑事案件,找寻犯罪嫌疑人留下的蛛丝马迹。走到 61 号蜡烛前时,空气似乎凝固。他在这根蜡烛前停留了足足 10 秒,随后再去看其他蜡烛。180 秒时间到了,他最终指出了被调换位置的那根蜡烛。

估计每位观众看完这期节目,都会对他有这个评价:太神了,怎么老天给了他这样一双眼睛?也许只有在一些内向者身上,才具备如此高超的洞察力。

第二,内向者能静得下来,排除外界干扰,做事专心致志,执行力更强。

微软创始人比尔·盖茨就是一个内向者。他曾被问及如何在这个外向者当道的世界中闯出一片天地,他淡然地回答:"内向者大可不必自怨自艾。我可以静下心来花几天的时间研究一个问题,可以从头到尾看完一本书,这些本事是外向者不具备的。内向者和外向者,没有哪一方比另一方强。"

就算像导演这样看上去偏向于外向性格的职业,也不乏内向者的特例,比如史蒂芬·斯皮尔伯格。他从不认为:内向的性格给自己的导演之路带来任何障碍,反而对他在光影世界取得巨大成就有着推动作用。他喜欢一个人静静地沉醉在电影的世界中,如痴如醉、难以自拔。

这就是内向者最大的优势,因为他们不会将时间花费在过度的社交中,少了很多外界的干扰因素。此外,他们的执行力很强,做事过程中心无旁骛,更容易将想法变成现实。

第三，内向者的思考更有深度。

爱因斯坦说过一句话："宁静生活的单调无聊，恰恰是激发我想象力的最佳功臣。"狭义相对论、广义相对论是 20 世纪最伟大的物理学研究成果，至今还有一些内容尚未被世人所破译。时空扭曲等观点，在当时看来有点天方夜谭，却在后来的实验中得到验证。能构建这么宏大的理论体系，肯定需要深入的思考、论证。内向性格正是帮助爱因斯坦远离俗世纷扰，去伪存真，透过现象看本质，在当代科学领域奠定自己的地位。

洞察力、执行力、思想深度，内向者具备外向者可能缺少的这些优势。因此，内向者不必妄自菲薄，彻底否定自己，强迫自己做出有违心性的改变。

但是，内向不代表可以断绝与外界的所有交往。毕竟在职场中，我们需要和上司、客户、同事打交道，每项工作任务在准备阶段、执行过程中，都需要与有关人员沟通。沟通能力是职场人必须具备的技能，内向者也不例外。内向不是丧失沟通能力，只是你不愿意参与过多社交活动。你可以尝试学习外向者的优势，勤加练习语言表达能力，弥补自身性格上的缺陷，帮助自己取得事业上的成功。

内向，必须改吗？可以稍作修正，但不必做出颠覆式的改变，毕竟每种性格都有自己的优势和劣势，扬长补短，才是最明智的做法。

| 第五章 |

走向更适合自己的平台

如何发现公司走下坡路

1. 沉浸在涨薪承诺的空欢喜中

小孟在一家公司干了三年，收入水平没怎么提高。

有人劝说小孟，快离开这样的公司，留下是浪费时间，总不能一辈子拿着这样的收入。

有人持相反观点：这几年国内外经济形势复杂，整个大环境不景气，很多大公司都在裁员，小公司关门大吉。公司经营状况不好，现有员工的饭碗都保不住，更遑论从外面招聘新员工。你又不是稀缺人才，凭你现在的能力和工作经验，找一份看得顺眼的职位也不容易，弄不好收入水平提高不多。还不如以静制动，省了重新适应新环境的麻烦。

摇摆于两种意见相左的观点之间，小孟始终留在这家公司。最近，她发觉越来越不对劲。

首先在下午茶时间、午餐时间，同事的抱怨声越来越多。

小孟听说公司高层变动频繁，有几位工作七年以上的元老跳槽离开。她还听说公司的新产品在市场上反响不好，经常合作的大客户没有续约，可能年终奖都发不出来。不好的趋势持续下去，基本工资和奖金将受到严重影响，最后就是大幅度扣减工资奖金、大规模裁员。

小孟开始通过自己的消息渠道打探，想深入了解核心决策层的想法以及公司真实的业绩状况。时间过去一个月，这位消息灵通人士给出的信息模棱两可。

无风不起浪，种种迹象验证了传言的真实性。

考勤制度突然严格起来。公司规定早上九点上班，公司管理层通情达理，没在这件事上过分为难。尽管门口设有打卡机，但以前晚几分钟不做迟到处理。这些天，哪怕晚到一分钟，人力资源部的人也会毫不留情地留下迟到记录。公司新出台的规章制度中明确指出：迟到两次，当月全勤奖金取消；再迟到一次，扣除其他奖金，只保留基本工资。

这样的制度下，人力资源部轻而易举地扣掉了很多人的奖金。每月2800元的基本工资，在这座城市中生活步履维艰。

可能公司换了新领导，新官上任三把火，他对松松垮垮的考勤制度很不满，希望通过"下猛药"改进员工的精神状态。

这药下得过猛，很多员工选择"用脚投票"。很快一波离职潮来临，就连人力资源部也有一大半人走了。

事到如今，小孟有了另寻高就的打算。她在网上投简历，私下参加其他公司的面试。有几家公司中意她的表现，开出的薪酬待遇和原公司差不多。

就在她踌躇不定时，部门经理找到她，愿意给她加薪。这次涨薪的幅度非常可观，一次性从8000元提升至13000元，经理许诺今后每年10%的涨薪比例。

这番话说得小孟有点心动。涨薪后的收入，比那几家公司开出的薪酬高出一大截。本来她对手头工作很熟悉，去新地方还要重新适应环境，面临别人欺生的可能性。与其这样，不如留下。

公司里有一位同事和小孟关系不错，她劝说小孟不要再犯傻。公司这两年业绩水平很差，想尽法子从员工身上扣钱，节省人力成本。连发放基本工资和奖金都遇到困难，现在经理说给你涨薪，可能吗？他不过给你"画大饼"，让你死心塌地为他卖命。公司一下子走了这么多人，必须在招来新人前留住一部分员工。同事说自己也被经理约谈，谈话内容和小孟听到的如出一辙。他就是画饼充饥，先把人稳住，反正到时候不一定要兑现诺言。

小孟根本听不进金玉良言。同事在几天后离职，她还继续留在公司。

半年后，大老板突然宣布这家分公司破产，随后人间蒸发。小孟不仅没见到涨薪的影子，还被拖欠了半年的工资。她不是没找过部门经理，经理宽慰她，困难是暂时的，寒冬过后就是春天；等熬过这波寒冬期，公司的业绩就会火箭般蹿升。

这些铿锵有力的话还在耳边回荡，小孟不得不开始漫长的讨薪之路，望不到尽头。

公司早就开始走下坡路，只不过小孟一直被蒙在鼓里。

任何人都希望自己就职的公司能一直兴盛下去，运营状况始终保持在良性状态中。事与愿违，市场中有太多不可预测的"黑天鹅"，公司本身也会出现这样那样的状况，决定了一家公司难免会在某个时间点走下坡路。

公司走下坡路不可怕，可怕的是你对这种趋势视若无睹。

2. 公司走下坡路的表现

公司走下坡路有很多外在表现。

首先是公司产品与市场脱节，导致团队问题严重凸显。这个非常好理解，产品卖得不好，业绩下滑，影响到所有人的收入水平。部门之间不像过去那样配合，高层之间相互指责，同事之间的矛盾冲突不断显现。这些矛盾冲突既表现在会议等正式场合，也发生在茶水间、走廊、电梯、餐厅等非正式场合。

过去那种劲往一处使的场面不见了，取而代之的是相互埋怨。

人心不稳，接下来就是公司内部人员流动异常。动荡先从下面开始，普通员工离职的人数不断攀升，明显高于正常水平，有些部门的员工不得不一个人承担好几个人的工作，身心俱疲，进一步坚定了他们离开的想法。

员工走了一大批，高层不再那么稳固。高端猎头蠢蠢欲动，私底下开始与决策层成员频频接触。只要价码合适，高管也"脚底抹油"。公司的人力资源部成为最繁忙的地方，一方面是完成员工的离职手续，另一方面还要招人。招来的人明显不能胜任岗位，又加快了公司衰败的速度。

老板只能亲自上阵，不断给大家"打鸡血""画大饼"。这些话中听不中用，几乎无法兑现。除了那些新人，其他人根本不理会老板的话，暗地里寻找合适的下家。公司下滑势头未得到有效遏制，各项业绩指标依然在恶化，从一些非主营项目中撤退，裁撤了一些非核心的分支机构。弃卒保车，从撤退行动中可见，这家公司距离最后的倒闭已经不远。

眼看这些手段无法奏效，老板只能对留在公司的员工下手，试图最后一搏。他要求员工们加班，员工努力地熬了许多夜，不仅没有获得加班费，连最基本的工资和奖金也被无端克扣。

这时老板想尽办法扣减员工的收入。他们鸡蛋里挑骨头，总能从下属的工作表现中找出问题，这些瑕疵就成为他们扣钱的理由。好了，可能好几个月，你只能拿到不到原先一半或者三分之一的收入。为了缓和员工的情绪，老板继续忽悠你，把未来描绘得天花乱坠，似乎眼下的困难只是暂时的，熬过去就是柳暗花明。

工资、奖金不断缩水，正常的福利待遇都没有，更别指望涨薪了，至于年终奖、绩效奖金更是水中月。到了这样的地步，还对公司抱有不切实际的幻想，那么恭喜你，快要成为被老板成功收割的"韭菜"。他可能在某天清晨从办公室消失，留下一个如同黑洞一般的烂摊子，还有一群茫然失措的员工。

3. 遍地是"关系户""老油条"，引发公司内部管理混乱

表象的背后，往往藏着一些深层次原因。

你可能会说，我们公司成立没两年，怎么一下子变得"老态龙钟"？

企业和人是一样的，有的20多岁暮气沉沉，有的到了古稀之年还神采奕奕，永远走在青春的道路上。

本来，公司管理应当遵照规章制度，依律办事、规矩面前人人平等，才能让所有人心服口服。在一些公司中，"关系户"成为一颗拔不掉的毒瘤，破坏管理制度的正常运行。

我大学期间在一家公司实习，本来有过毕业后留下来的想法。

然而工作一段时间后，我很快打消了这个想法。

工作没几天，我预感到公司的人际关系非常复杂，有几个员工态度蛮横，连部门领导对他们也没办法。后来一打听，知道这些人是公司大老板以及管理层的亲戚朋友。

公司制度管不到他们，他们在上班时间玩游戏、聊天、网上购物，不肯干活。本来属于他们的工作任务，不得不由其他人代为承担。发工资时，他们一分钱不少，闷头干活的员工一分钱不多。

不满渐渐在这些员工心中积聚，他们在外面找到落脚点就辞职。离开的员工都很有能力、有责任心，而留下来的人要么是上司的亲朋好友，要么是碌碌无为之辈，在外面找不到更好的饭碗，只能在这座破庙中耗着。

我实习不到半年离开了这家公司。后来这家公司改制，拿不到旱涝保收的订单。用脚趾头也能猜到，这些"关系户"以及留下来的人结局如何。

"关系户"不仅祸害自身，还会带出一批"老油条"。除了工作资历很深，这些"老油条"的嘴上功夫了得，把上司哄得团团转，工作中吊儿郎当的表现，上司根本不在乎，还将其当作心腹对待。

上司将这些"老油条"当成耳目，监控下属们的一举一动。他们对"老油条"没有底线地支持，只会让其恃宠而骄，排挤新人，在办公室胡作非为。

为了巩固自己的既得利益，"关系户""老油条"不惜损害公司的权益，打压有想法的新人，阻碍正常的业务改革，导致公司发展停滞，甚至倒退。

不仅如此，他们还会极力阻挠新鲜血液进入公司。每次招聘时，他们暗中观察，发现某个可能对自己的地位构成威胁的新人。一旦确认危险分子，他们就会找出种种理由阻挠其入职。就算这些新人突破重重障碍进来，日子也不会好过。"关系户""老油条"结成攻守同盟，孤立这些没有任何根基的年轻人，让他们感觉空怀一腔抱负、有力气使不上。硬撑了一段时间，他们不得不离开。

到这个阶段，不良的企业文化逐渐成型。

在这样的公司中，想做出点什么成绩，阻力大得惊人。要干成一件事需要部门之间、同事之间相互配合，但是在这里，你不仅得不到任何援助，别人还推诿扯皮，想尽办法在背后拆台。

你会发现，做工作好比过山头，完全不是按照正常的制度流程来进行的。很多时候，某个人是否点头、是否默许，远比白纸黑字来得更管用。

千里之堤溃于蚁穴，如此混乱的局面，只会让一家公司步入黄昏时分。

4. 老板过于自负，是一个危险的信号

造成公司中各种乱想的根本原因还是出在老板身上。一些老板过于自负，对公司事务事无巨细，过于相信自己的选择，而对别人的意见完全听不进去。

有人说，老板不都是这样吗？国内外的老板不都是一言九鼎、别人只有听命的份儿？假如老板没有主见，公司还不得乱套啊。

这就有点偷换概念。

我说的是老板过于自信，认为自己做的决定都是正确的，别人提的意见都是胡言乱语，而不是说老板缺乏自己的见解、被别人牵

着鼻子走。

那样的老板确实难堪大任,弄不好还会被下属给卖了。

但是老板过于强势,什么事情都要插手,听不进一点相左的意见,公司的处境同样可能岌岌可危。

阿明开了一家公司,过去很多年顺风顺水,日子过得非常滋润。然而这两年经济大环境出现变化,竞争对手步步紧逼,阿明公司的市场占有率不断下降。

是不是自己的团队难堪重用?阿明大刀阔斧地向跟着自己创业的元老开刀,哪怕被人在背后骂自己不留情面。

老人送走了,新人进来了,情况仍不见好转。难道这一招也不好使了?

其实阿明不明白,他选人的标准还是顺着他的思路来,缺乏创新性和开拓性,只不过换了一批执行阿明命令的人。既然如此,就无法从根本上扭转颓势。

阿明还是那样旁若无人,处在顺境时,这种专断不会带来负面效果;一旦这艘航船的方向出现偏差,阿明自己没意识到,又没人站出来指出偏航的倾向,这船就会越走越偏。

阿明过于相信自己的判断,对其他人的想法抱以极不信任的态度。这种情况发展到最后,公司无论大小事务,都由老板来定夺。哪怕老板疲惫不堪,别人也不敢替他分忧。

遇到这样独断专行的老板,还是尽早离开吧,因为公司距离走下坡路不远了。

"走"得难看，是给你的未来挖坑

1. 贴在门上的辞职报告

离职，职场人进阶的"必修课"。

不像过去，很多人在一家单位待上一辈子，生老病死都有单位替你兜着，未来的人生轨迹，早有人替你规划好了。

离职有无奈的客观因素，比如能力无法满足岗位需求，公司不可能养着发挥不了作用的员工；比如你与上司不和，上司总给你穿小鞋；或者整个行业遭遇危机，公司难以独善其身，经营状况不佳，为了生存下去不得不牺牲部分员工的利益等。

离职有主观寻求进步的因素。人的能力随着工作不断提升，原来的"小庙"渐渐容不下你，人往高处走，自然要寻找更能施展你的本事、带给你更大发展的平台。

但是处理不好离职这个环节，可能给你带来不必要的麻烦。

有位"90 后"员工家里遇到点事情，向顶头上司请假。上司没有批准，小伙子一气之下擅自离开岗位，回家办事。

两天后，他重新回到岗位上，招来领导的严厉斥责。不仅如此，领导以无故旷工为由，扣除他 600 元奖金以示惩戒。

小伙子无法接受这个处分，当即提出辞职。顶头上司好言相劝，却未能改变他的决定。他将写好的辞职报告直接贴在公司大门上。

事例中没有说小伙子家里出了什么事，以及上司不批准假期的原因。也许他家里确实遇到紧急情况，急需赶回去处理。

至于上司不批准，也是从公司正常运营的角度。可能那段时间扎堆请假，对公司开展业务造成影响，他不得不拒绝。双方站在自己的立场上看待这件事，本来没有孰是孰非。

但小伙子后来的做法就有些不妥，首先他未经批准便离开岗位，确实属于无故旷工，接受扣除奖金的惩罚也属应当，哪怕看起来有点不近人情。

最不能让人接受的是他离职时采取的极端做法。他这么想：既然你们让我的日子不好过，让我灰头土脸地离开，那么你们也别想过好日子。

贴在门上的辞职报告无疑会引发网友的关注，这家公司的"恶名"就会远播，以后他们就不会再这么蛮横无理地对待员工。

2. 不如好聚好散

这个举动真能产生震慑作用？恐怕效果没有小伙子想的那么明显。

目前情况下，员工属于相对弱势的一方。上面这个事例中，企业在对待员工时并无明显过失。想让其他人对这家企业发起声讨，无异于痴人说梦。

这么做不仅不会伤害企业，反而让小伙子的职业生涯蒙上阴影。公司在录用新员工时，会通过各种渠道了解员工上一份工作的情况。

这是我和一位人事主管闲聊时获取的真实案例。一位有着多年工作经验的员工被猎头公司推荐过来。经过笔试、面试，公司领导对这个人选比较满意。

办理入职手续前，这位人事主管去了他的上一家公司。通过和对方公司的人事主管以及普通员工的交谈，了解到这位应聘者在原单位人缘非常不好。离职时，他和老板的关系闹得很僵，破罐子破摔，根本没和同事交接好工作。

这些负面消息，让那位优秀的应聘者失去了这个待遇不错、发展前景良好的岗位。

与此相反，我的朋友 Sally 在离开前一家公司时，本着好聚好散的原则，妥善地与继任者交接好工作。

有人替她不平，她嫣然一笑，看淡了所谓的"阴谋"。她不想纠缠在恩怨中，离职时没有在对错问题上过分纠缠。

她很快找到了适合的工作，随后她和原来那家公司发生业务往来。本来那家公司的老总对她有愧意，很快便促成一笔金额不菲的合作业务，并成为稳定的合作伙伴。

Sally 在离职时的淡然，换来了下一段职业旅程的顺风顺水。

既然决定要离开，何不用一种体面的方式离开？要知道伤害了对方，在某种程度也伤害了自己。

3. 离职时，请给自己泼一盆冷水

离职时不理智的行为，多半属于冲动离职，而非理性思考的结果。

在这个多元化的时代，如何避免冲动离职？

很简单，产生离职的念头时，尽力让自己冷静下来，不要在第一时间做出决定。

每个人会在下意识中做出决定，冲动离职属于这个范畴。职场中，很多事情不如人意，刁难人的老板、难伺候的客户、心怀叵测的同事，产生离职的念头，是分分钟钟的事。

想离职时，我们需要问自己以下两个问题：

一是为什么顶头上司会对自己这么苛刻。也许有些领导本性如此，他对待下属一向严厉，不仅会让你就一个报告反复修改，其他人也享受这份"特殊待遇"。

但是，如果顶头上司只针对你一个人，情况就完全不同。

要问问自己做过什么事让他对你不满，从自身找出原因，很可能与你的工作态度或业绩有关。

一般来说，老板对他们喜欢、尊重或需要的人态度并不差。他对你这么不满，可能是你的能力存在不足，在工作积极性上需要提高。

老板只刁难你一个人，也可能是你在内心深处厌恶权威，这种厌恶有意无意地流露出来。老板捕捉到信息，以牙还牙，让你度日如年。

二是我为什么还要在这里工作。如果答案是"不值得"，那就准备一个退出计划，让你的离开尽量不造成更多损失。如果目前的岗位能带给你长期收益，你也能理解和接受，就更加努力地做好本职工作，逐渐扭转被动的局面。

企业不是慈善机构，上司看中你的能力能给企业带来多少收益。把自己变得更加强大，才能在面对上司时更有底气。

正如在《杜拉拉升职记》中，杜拉拉在外企度过了八年。她一开始只是一个非常不起眼的销售助理，工作中遇到上司的打压、客户的刁难，还有其他种种委屈。经过磨炼，她积累了强大的能力，跳槽到著名外企DB，成长为一个专业干练的人事经理，实现了破茧成蝶。

提高自己的能力，永远比遇到困难单纯想着辞职更奏效。躲避只能躲开一时，却不能保证今后不遭到类似的责难。

你的强大，会让那些想伤害你的人敬而远之。这个时候离职，是为了登上更高层面的平台，是人生路径上的进阶，绝非那些为了躲避老板、客户的离职所能比拟。

离职是件大事，绝不是几分钟内能做出的决定。只有理性思考下的离职，同时"走"得不难看，才会让下一段职业旅程无缝对接，呈现出"芝麻开门节节高"的上升走势。

丑陋的辞职，会给职业生涯抹上很难消除的污点。既然要走，那就走得优雅一点，与人方便，与己方便。当然，离职要站在有利于个人职业生涯的立场上，任何不利于未来发展的离职，都是没必要的。

面试新公司时,请对老东家"嘴下留情"

1. 没有发展前途

老东家,一个让人又爱又恨的词语。

说到爱,毕竟你在这里经历了或长或短的时光,留下过汗水和足迹。

说到恨,你在离开时可能带有不愉快的因素,不是与同事关系、与上司关系存在隔阂,就是这个环境与你不合。

对于老东家的复杂情感,应聘时可能被触及。你是否做好应对这种尴尬的准备呢?

必须做好准备,因为面试新公司时,人事主管很可能问求职者的离职原因。这个提问,从侧面反映出求职者的职业修养和工作态度。询问离职原因,能大致窥见你在原公司的情况。

这真是一个不好回答的问题,草率回答或者说出心里话,极有可能大大扣减印象分。

对老东家过分赞誉吧,新东家的心里感觉不舒服。既然你和老东家感情那么好,为什么还要选择来我们这里?人事主管可能对你的忠诚度产生怀疑。

那么说老东家不好,把平时积累的怨气都在人事主管面前撒出来呢？同样可能犯了禁忌。今天你能这么说老东家，保不齐你在将来用同样的口吻批驳新东家。因为老东家存在的这些槽点，同样可能在新东家身上出现。

大多数新人意识不到这一点，在这个时刻口无遮拦。

表弟最近刚从一家公司离职，面试时和很多人一样，当被问及离职的原因，他将责任怪罪在公司身上。人事主管穷追不舍，想知道老东家具体有哪些"罪状"。这下子表弟像打开话匣子，把老东家批评得一无是处。

他说在那家公司工作根本没有发展前途，公司管理层看不到员工的努力，没有在合适的时候给予奖励和晋升。

很多员工踏踏实实、勤勤恳恳地干了很多年，收入在行业内没有竞争力、与个人能力完全不匹配。此外在一些重大项目上，年轻人根本没有机会，不能被直属领导重用。上司缺少一双发现下属能力的慧眼，生怕下属的能力超越自己，典型的嫉贤妒能、打压有能力者，继续再干下去，只怕前途越来越暗淡。

表弟唾沫横飞，对面的人事主管脸色越来越不好看。他根本不想听求职者对老东家口诛笔伐，只想从中获取相关信息。哪怕表弟在后来有所弥补，夸赞新公司重视人才、有发展前途，依然无法挽回胡言乱语带来的负面影响。

很自然，表弟未能通过这次面试。

老东家确实有地方做得不到位，但是把"没有发展前途"挂在嘴边，不仅不能作为合理解释，反而给人事主管留下这个印象：既然没有发展前途，当初你为什么要选择入职这家公司？

人才是一家公司持续稳定发展的基石，任何一家公司都不会忽视人才的合理诉求。管理者不重用你、不给你升职加薪，很可能是你自身能力不足。

你认为没有发展前途，事实是否真像你说的那样？这种怀才不遇的想法，除非那家公司存在管理问题，否则就是你对自身能力的认知存在偏差。

2. 总是加班，没有私人时间

求职者下一个吐槽点，自然非"加班过多"莫属。

虽说法律上明文规定"每天八小时、每周四十小时"的工作制度，但是大多数公司并未真正执行。

员工们一大早睁开蒙眬的睡眼，简单洗漱后便汇入拥挤的地铁。十几个小时后，很多办公室依旧灯火通明。办公桌上，放着早已冷却的外卖餐盒。白领们的目光不曾离开电脑屏幕，为一份文案、Excel报表、PPT制作绞尽脑汁。

说到底，就是一个"忙"字。究竟忙什么？很多人说不清楚，反正一天到晚没有闲着的时候。到了正常的下班时间，有一大堆任务等待自己，不加班根本做不完。

偶尔空下来，老板却在下班时扔过来一个紧急任务，只能继续加班。

周围人都在加班，老板也不走，只能被迫加班。

公司总是加班，长此以往势必会影响身体健康。不仅身体处在亚健康状态，还可能引发家庭危机。有一个经常加班不回家的丈夫或妻子，伴侣注定会不开心。

加班，成为大家深恶痛绝的现象。面试时，这个理由不该从你嘴里吐出来。原因很简单,哪家公司愿意接受不肯加班的员工呢?

如今市场竞争非常激烈,没人敢豪言自己永远是赢家。要想在激烈竞争中胜出,必然要比对手做更充分的准备。要做好这一点,不付出更多时间是很难的。加班,有时候是不得已而为之。

你吐槽公司总是加班,可能是因为你工作效率低下。一家成熟公司有明确的岗位责任书,每个人的职责和任务大体上恒定,一般能在常规的工作时间内完成。

假如你长时间处在加班状态,人事主管会怀疑你的工作效率。缺乏效率的员工,同样是公司避之不及的。

可以在心里抱怨加班,但是直接说出来,很可能让你里外不是人。

3. 人际关系复杂,被排挤

除了不给员工提供良好的发展路径、总是加班等因素,求职者还会指责老东家的人际关系复杂。

职场是江湖,有人的地方,必然涉及人际关系的处理。一些业务能力很强的员工,却处理不好关系,导致自己在环境中被孤立、被边缘化,影响工作的正常开展。

这些人决定离职时,会理直气壮地将"被排挤""难以融入团队""公司内斗很严重"等作为自己离职的理由。

这个看起来非常合理的理由,同样会让你错失机会。

就像前面所说,人事主管听你陈述时,不会完全顺着你的思路理解,他们会从另外的角度看待问题。比如你说到被人排挤、很难融入这个环境,他们在接收到那家公司人际关系复杂信息的同时,也会认为你的情商存在问题。

职场中，情商对一个人的发展非常重要。随着分工越来越精细，在工作中，必然会涉及相互协作、配合。

一个人总是不能与他人合作，人事主管会认为此人缺乏合作精神。这种自负的、不懂得合作的员工，用人单位特别忌讳。

求职者在应聘时，嘴下对老东家毫不留情，不仅不能得到新东家人事主管的理解，反而会留下负面印象。铁打的营盘流水的兵，很少有人在一家公司待上一辈子时间。当你从这家公司离职时，很可能会使用同样的攻击性词语描述。

4.少一些埋怨和指责，多一些宽容

被问及离职原因时，尽量少说老东家的坏话，即便要表达这层意思，也请尽量使用比较中性、理性的词语。

比如你想提到"公司没有发展前途"，完全可以这么说：作为一个年轻人，我希望在今后的职场生涯中得到更好的发展。原公司的薪酬体系已经无法满足这样的增长要求，所以我选择离开，希望接受更有挑战性的工作。

或者说自己的职业发展路线与公司的发展规划不符，适当提及自己在原公司的业绩情况、公司的晋升通道、部门调整等因素，这些客观因素导致职业发展路径与你的职业规划出现偏差。

这么说能体现出你有强烈的进取心，又间接说明上一家公司提供不了更好的发展前途，离职与你个人能力因素无关。

至于总是加班或者人际关系复杂，尽量不要提及。你无法把控人事主管的思路，不清楚某句不经意的话会带来怎样的影响。

对于离职原因这个问题，尽量从职业规划等中性的角度阐述，表达出接受新岗位的渴望，希望在新东家这个平台上建功立业。

总而言之，对老东家少一些埋怨和指责，多一些客观的描述，会给人事主管留下这位求职者比较专业的印象。

为什么你会越"跳"越糟心

1. 有趣的倒挂现象

跳槽的本意，是希望进入更有利于自身发展的平台。经过几轮面试，好不容易从众多竞争者中脱颖而出，你发现即将进入的公司根本不是想象中的样子。

好马不吃回头草，何况你与老东家缘分已尽。就算对方愿意向你敞开大门，你还要顶着压力"二进宫"吗？

这种情况最好不要在现实中发生。一个人做出决定前，最好想到最糟糕的情况，这样才有备无患。特别是在经济下行压力大的背景下，必须在跳槽前做充分的心理准备。

我在网上看过一份由"智联招聘"发布的《2020年白领秋季跳槽及职业发展调研报告》，有一组数据值得关注：超六成的白领不仅仅停留在意愿层面，而是有实际跳槽行动，较去年的57.3%有了上升；只有3.9%、0.7%的白领，表示暂时不想跳槽或者对现在的工作满意不会跳槽。

这个非常有趣的倒挂现象表明，一方面是白领们对手头的工作非常不满意，另一方面是他们对外面精彩的世界充满憧憬。

另一则数据更说明了这种倒挂的吊诡。有超过一半的白领认为当年的跳槽难度高于前年。即便如此之难，大家还是不肯打消"挪地方"的意愿。

也许大家深受那句俗语的影响：树挪死，人挪活。一个人在某个环境待久了，发展机遇越来越小。换个地方，可以迎来事业上的突破和转机。

真是如此吗？可能有少数人芝麻开花节节高，职级提升、工资翻倍，兑现了预期的人生价值。绝大多数跳过槽的白领，他们并没有扬眉吐气。对上司的抱怨，不过是从A公司的领导换成了B公司的领导。

这个倒挂现象值得反思，同时引出一个问题：为什么你会越跳槽越糟心？

2. 干得不顺利就跳槽吗

要想回答这个问题，首先要问问离职的原因。

首先是工资待遇偏低。且不说那些高大上的理想，工作说到底是要维持人的基本生存需求。只有满足了最基本的需求，才有资格去谈事业。当你的同行拿着比你高的工资时，肯定会非常不顺心。获得符合预期的收入，这个要求合情合理，跳槽也非常自然。

其次是缺少职业发展前景，个人价值感和成就感不高。很多人工作了五年乃至十年，感觉和刚进入公司时的水平差不了多少。岁数渐长，体能和精力肯定会下降，能力积累不到一定程度，和那些应届毕业生不相上下，换作你是老板，也一定会把"性价比低"的员工赶走。与其坐以待毙，不如主动出击，在危机未到来前辞去无法带来能力提升的工作。

最后是工作环境不满意，包括客观环境和人为感受到的环境。客观环境包括工作场地环境以及其他客观因素，比如工作地点离家的远近。人为感受到的环境包括你的上司、同事以及经常打交道的客户。遇到非常难缠、喜欢刁难人的客户或上司，遇到难以沟通协调、好处都想得到、责任都想推卸的同事和合作伙伴，这样的工作环境一定令人非常沮丧。成天和讨厌的人待在一起，离开自然会被大多数人提上议事日程。

这些原因听上去"铿锵有力"，再加上低廉的工资收入，继续这种工作只会带来自己的"经济危机"，不仅过不了家人这一关，自己也会不甘。

至于职业发展前景、工作环境等相对隐性的因素，确实会消磨掉我们对手头这份工作的热情。

工作不顺利确实应该离职，然而这种不顺利，是你深思熟虑的结果，还是一时冲动做出的判断？

这些不顺利的因素，根本不是成熟的职场人士所得出的。以这种理由跳槽，只怕结果不会有想象中的那么好。

3. 摒弃职场"玻璃心"

有人说这种冲动离职、跳槽的行为是有个性的表现，实则是内心不成熟，在这些人的胸腔内，藏着一颗非常脆弱的"玻璃心"。

最突出的表现是这些白领对老板的吐槽。

最近一位小师弟跳槽了，他对我控诉老板的各种刁难。有一次，老板在两天前交代做出一份市场报表，当时并没有强调报表的紧迫性。突然在一天临近下班前，他让小师弟在当天拿出成稿。

小师弟措手不及，熬到凌晨一点多才交给老板。即便如此，老板依旧对他大发雷霆。改了几稿后，东方的天空已经泛白。

这不是老板第一次搞突然袭击。他会突然想起某件事，给的时间非常少，弄得下属常常手忙脚乱。

忍受了一段时间，小师弟认为这是老板故意赶自己走。既然最终会卷铺盖走人，不如炒老板鱿鱼。

另外，上司当着众人的面训斥下属，某些过错根本不该由下属承担。这种委屈大多数人都经历过，有人忍了，有人拂袖离开。这种情况需要一分为二地分析。

韦尔奇在《赢》一书中提到：当我们给老板贴上"坏老板"的标签时，需要问自己一些问题：为什么我的老板这么古怪？如果老板本性如此，这不必过分焦虑，因为他对其他人也是这样，这不过是他的本性流露。如果老板只针对你一个人，情况就完全不同。要问问自己做过什么事让他对你不满，从自身找出原因，很可能与你的工作态度或业绩有关。一般来说，老板对他们喜欢、尊重或需要的人态度并不差。老板只对你一个人那么刁难，那就是我们通常所说的"穿小鞋"。

此外，要问自己为什么在这里工作。如果回答不值得，那就准备一个退出计划，让你的离开尽量不造成更多损失。如果"坏老板"能带给你长期收益，并且你也能理解和接受，那就更加努力地做好本职工作，让这位糟糕的老板意识到你的价值。

那些有着"玻璃心"的员工，最终错失了个人成长的机会。很多情况下，你无法改变环境，只能适应环境。遇到不好相处的老板，正好提升你的适应能力。即便今后不在这里工作，磨练出更强的适应能力，也便于在新环境中立足。

反之，遇到困难就退缩，被人骂了就在心中"画个圈圈"诅咒对方，永远无法变得更强大。

克服"玻璃心"，是职场进阶、成长的重要因素。

4.树立长线意识

干得不顺利不该成为你跳槽的借口。此外，过分关注眼下利益的跳槽，也会让你在漫长的职业生涯中吃亏。

职场是一场长达几十年的马拉松，每段职业旅程都是个人成长的重要组成部分。有这样的战略思维，就不会过分在意眼下的蝇头小利。

好比在资本投资市场，快进快出的短线操作者，大多迷失在市场的短期波动中，亏损的可能性很大；拉长周期，投资就能收获复利和指数效应。

过分草率、频繁的跳槽，会让积累过程变得磕磕绊绊，因为适应新环境，通常需要几个月时间。假如一年内跳槽几次，时间就会耗在角色转换和适应新岗位上，根本无法将注意力集中到个人提升上。

不计较眼下的得失，关注未来的长期成长，才是成熟的职场人士对于跳槽的正确态度。

为什么你会越"跳"越糟心？错不在跳槽本身，而在于你对待跳槽的态度、动机。不改变错误的观念,将所有希望寄托在跳槽上,以为"一跳百了",这种情况下的跳槽,只是换个地方继续糟心、受苦。

新公司问"多久能入职"时,别急着辞职

1. 可能就是一种试探

小艾在这家公司干了两年多,转正后,收入水平基本上没动过。

不过,这家公司的离职率不高。这两年来,小艾所在部门只有两位同事离开,离职的原因是生孩子后觉得工作太累,丈夫挣的钱又足够养家,索性当起了全职妈妈,专心在家带孩子。公司里,工作十几年的老员工比比皆是。

为什么大家对公司这么恋恋不舍呢?主要是因为公司有国企背景,拿的都是政府采购的项目,效益旱涝保收,薪资在同行业处于中上水平,失业风险低,工作压力也不大,性价比相对较高。

可是,小艾觉得自己还没有到躺在一份舒适工作上的年龄。趁着年轻,她想去外面开开眼界。她不愿一辈子庸庸碌碌,总想着能做出一点成绩。

小艾心仪的几份工作,收入是现在的两三倍,还能提供培训、交流的机会。每次面试,她都全力以赴,希望能抓住其中一次

机会。

终于在一次面试的尾声阶段，人事主管问了一个让小艾激动不已的问题："你大概多久可以入职？"

小艾不假思索地回答："只要您这边需要，我可以在两三天内入职。"

人事主管轻轻点点头，在一张纸上写着什么。小艾想当然地认为，对方在评价一栏内肯定留下对自己有利的文字。

人事主管希望小艾的手机随时保持畅通，公司将及时通知她后续的进展。小艾走出这间会议室的脚步如同一只小鹿那般轻盈。

她把人事主管的这个问题当成了录用自己的信号。回到公司不久，她起草了一封辞职信，当天就带着这封辞职信走进主管的办公室。

主管苦口婆心地挽留，拦不住这个女孩离职的念头，他只好无奈地在领导意见一栏写下两个工整的字"同意"。

离职手续很快办下来，小艾的心却开始不安起来。因为新人事主管的电话始终没有打过来。可能人事主管事务繁忙，不小心疏忽了自己。既然如此，自己不能主动一点吗？她拨通了招聘启事上的电话。

电话从总机转到人力资源部，过了很久才听到一个好听的女声。小艾说了自己的情况，询问对方何时可以给自己办理入职手续。

对方听得有点蒙，查了一遍新录用员工的名单，随后明确告诉小艾："公司最终没有录用你，何谈办理入职手续？"

这话如同一声惊雷。面试中，人事主管不是问了自己什么时候可以入职吗？都提到这个问题了，还不能说明有录用的意向？

对方这样回答她:"这个问题只是这次面试中的一个常规问题,别的应聘者也会被问到,总不至于所有人都被录用吧。"

小艾生气无助于改变困境。原公司是回不去了,新工作也不好找。小艾整整折腾了三个多月,勉强觅得一份工作,收入还不如上一份工作。

很多人都会有这个误判:"什么时候能入职"就是向自己抛来的橄榄枝,获得这份工作还不是水到渠成?

不是这样的。这很可能就是一道考题,用来测试应聘者的职业态度。当然,不能否认这个问题的背后,有面试官对应聘者的表现比较满意的因素。即便如此,依然不能保证最终被录用。

面对这种试探,真不能过于激动,更不能误判形势。

2. 不见白纸黑字,注意留有分寸

那么,人事主管在面试时明确说出"录用"二字呢?朋友阿德就吃过这样的苦头。

相比小艾,阿德的工作经验丰富很多。整个面试过程非常顺利,人事主管对阿德的表现以及能力非常满意,频频点头以及脸上的微笑就是明证。听到这个问题时,他没有像小艾那般激动不已,而是用平淡的口吻说出自己可以入职的时间。

人事主管让他不用过于着急,既然公司愿意把职位给他,他可以有一个月的时间处理好与老东家的善后事宜。

这样明确说出录用意向后,阿德开启离职程序。他所在的公司各项制度规范中,离职不是顶头上司点头即可,需要经过层层签字同意。每一个层面签字都有一定的时间周期,这个时间不是某个人

说了算，而是公司的系统决定的。

　　一个星期过去，阿德按部就班地办理手续，突然接到那位人事主管的电话，问他能否在一周内到新公司报到。

　　阿德被搞得有点措手不及，假如对方早点说，估计他会催促加快流程。办到一半再说，公司的人事主管愿意配合吗？经验丰富的他没有把话说死，表示尽己所能缩短入职时间。

　　他和人事主管好说歹说，对方终于松口。两个星期到了，阿德去新公司报到，却被门口的前台小姐拒之门外。

　　对方联系了人事主管，人事主管很抱歉地表示，公司临时取消了招聘计划。她本人很欣赏阿德的才华，但是公司大老板改变了主意，她也没办法。

　　"我都把工作辞了，这么轻描淡写地来一句道歉，你觉得合适吗？"阿德瞪圆了眼睛，恨不得把人事主管"生吞"了。

　　人事主管只能不断道歉，尽力安抚阿德的情绪。

　　当然，出现这种意外的可能性很低，但是不能轻视它。入职这样重大的事情，必须用白纸黑字敲定下来。任何口头承诺都不能作数，至少在法律层面上不承认没有书面协议的用人行为。

　　好比洽谈一项业务，国人很喜欢把商谈的地点放到酒桌上。没有正式签合同前，酒桌上的相谈甚欢不算数的。

　　拿不到劳动合同，在法律上你与某家公司没有任何关系。哪怕对方把胸脯拍得再响、话说得再肯定，也不能当真。还没签合同就辞职，等于把自己置于不受任何保障的境地中，对方根本不必因为违反承诺而受到惩罚。

　　空口白话没有保障，但是被问到这个问题，顾左右而言他也是不可取的。毕竟任何面试中失礼的行为，都可能让你错失一次好机会。既然别人开口问了，你还是要作答的，只不过回答"多久能入职"这个问题时，需要多几分圆滑。

既然求职者在应聘中处于相对弱势的地位，就这样回答："只要公司需要，我可以随时到岗。"这样说，既能体现出获得这份工作的迫切感，又表了一番忠心，可谓一举两得。

应聘过程中表现得卑微，对方也不会把你当回事。一般紧缺人才都是有点脾气的，不是那么好说话。历史上刘备三顾茅庐请来诸葛亮，可能因为费了这么大的周折，让刘备对诸葛亮言听计从。假如第一次就见到诸葛亮，这位卧龙先生在刘皇叔心目中占据的地位就不会那么重要。

我这么说也不是让你摆谱。毕竟还没达到"非你不可"的地步，过于清高只会引起对方的反感。面对这个问题时，适当留有余地，不要把话说死，也让自己遇到突发情况时有了应对的底气。

好比面试中面对任何问题时你都不要急于回答，"何时入职"这个问题同样如此。你可以微微低头沉思，再给出一个周全的答案："只要没有特殊情况，在两周内完成入职应该是没问题的。假如贵公司有特殊需求，我可以加快入职的进程，只是你们要早点和我说，这样我可以和原公司的人力资源部沟通好，以免耽误进度。"

这个回答大致给出了入职的时间范围：两周左右的时间，但是具体时间可以根据雇主的需求进行调整，同时预估了意外的情况，给自己留有了余地。

当然，也不必完全拘泥于上面的回答。就是不能把话彻底说死，言谈举止中不卑不亢，给别人留下沉稳、靠谱的好印象。

3. 遇到紧急需求，莫慌

可能紧接着在这个问题后，是用人单位希望你能尽早入职。

招聘分为两类：一类是常规招聘，这类招聘在公司年度的工作计划中，通常情况下不会那么紧急；另一类是应急类招聘，主要是因为公司核心人物，比如管理层、技术骨干等人离职，导致公司正常业务开展受到影响。这类招聘带有救急的因素，急招急用，希望人员马上能到位。

遇到这种情况，公司可能要求你在一周之内入职，甚至要求第二天上岗。这么短的时间，不足以办完原公司的离职程序。面对这个要求，该怎么办？

放弃肯定是不情愿的，你对这份工作更中意，就这么舍弃有点可惜。但是答应这个要求，老东家这边会找麻烦。毕竟在劳动合同上写得清清楚楚，员工有必要在离职前一个月通知公司，做好工作的交接。你硬要这么干，违反了劳动合同的约定，需要承担违约责任，不仅拿不到离职时的补偿金以及当月的工资奖金，还要赔偿一笔费用。谁都不会和钱过不去，不想在离职时遭受经济损失。

即使这种很着急上火的招聘，依然有商量的余地。

首先，你要旗帜鲜明地表明自己的态度，说明自己愿意听从公司的安排，争取以最短的时间完成入职。

随后，你可以提出两套方案，一套是按照正常流程来走，只不过把时间压缩到最低程度。另一套是先入职，一边适应新工作的岗位需求，一边处理原来那份工作的善后事宜，可能需要请几天假来集中办理。

有了两套方案，至少人力资源主管不会立刻对你说"不"，二选一的可能性比较大。特别是后面这个方案，既满足了新东家急于用人的需求，不耽误他们各项业务有条不紊地开展，同时也给足了老东家面子，至少咱不是拍拍屁股一走了之，还是愿意配合同事做好交接工作。

合同上写明"提前一个月"，在实际操作中没有那么刻板，规定是死的，人是活的，只要让老东家感受到你对他的尊重，一般情况下，他不会在这个条款上过分为难你。

遇到这种紧急需求，不用过分慌张，总有办法化解困境。

4. 假如老东家"按着你"不放

新东家这边求贤若渴可以理解，那么老东家不肯放人，又该怎么破？

正如前文所说，尽管法律明文规定员工离职，必须提前一个月向雇主说明情况，现实操作中，一般公司不会做得这么死板，只要协商好，通常离职过程不会延续一个月时间。但是以下两种特定的情况，你会被要求必须待满一个月才能离开。

首先是你的工作非常重要，别人一时间无法替代你的位置。假如是替换性很强的岗位，比如超市收银员、餐馆服务员、外卖员等，估计人事主管会非常爽快地在你的辞呈上签字同意。

假如你手中掌握着关系公司命运的业务或者客户，或者正在执行一项非常重要的工作，人事主管可能会放慢你的离职过程。他们是站在公司利益的角度上，希望最大限度地留你更长时间。一方面让你为公司继续创造价值，不至于让你手中的工作中断、客户流失；另一方面希望通过这段时间的缓冲，让你帮忙培养接班人，毕竟培训新手不是一蹴而就的，可能一个月的时间都不够，但是总比你猝然离开、新人猛然接手要强。

那么，遇到这种情况，你只能眼睁睁看着好机会悄悄溜走？

想要破解困境，说到底还是要做好两头的协调、沟通。任何情况都有商量的余地。

先谈谈与老东家的沟通。假如你的工作不可或缺，你不必感到懊恼，相反要为自己的价值稀缺性感到自豪，因为这是你个人价值的体现。你可以主动和公司领导沟通，表示自己一定配合做好工作交接、人员培训等事项，不会让公司蒙受损失。此外，你也要表明自己的难处，说明你即将接手的工作，对自己未来发展很重要，看在多年效劳的份儿上，希望公司网开一面，尽快帮助自己完成离职。抬头不见低头见，以后可能在工作业务上还有合作关系，到时候自己一定会优先考虑与老东家合作。

至于你此前不小心得罪了领导，也不妨碍你与他的沟通。为了表达出诚意，可以选择一些非正式的场合，比如请他吃饭等。矛盾宜解不宜结，通过交流找到问题的焦点，多从自身找原因，向造成误会的领导表达一定的歉意，态度恳切地表明自己无意和领导作梗，求得他的谅解。

打完感情牌后，最后要表达出自己迫切想离职的愿望。说到这个份儿上，一般有头脑的领导不会做得过于绝情。山水有相逢，就算你以后不是他的下属，可能也是在一个圈子里混的。一个对离职员工过于刻薄的领导，可能会在公司中、在行业内留下不太好的名声，相信任何人都不愿意承担这样的骂名。

安抚好老东家，新东家这边同样需要你费一些口舌。

因为离职手续持续时间过长,新东家难免会担心你到时候爽约的情况。如果不及时做好沟通,他们可能背着你悄悄面试其他人。一旦他们启动这项补救措施,就可能对你入职新公司带来不确定因素。为此,你需要和新公司的人力资源部保持密切沟通,定期汇报自己的离职进展,暗示新公司自己马上就要入职,不要再面试其他人了。

两边撮合,推动双方都做出一些让步,让原公司早放你几天,新公司多等你几天,这个死结也就解开了。人心都是肉长的,只要你足够真诚,双方公司通常不会过于较真。

离职前,要不要对同事透露去向

1. 说出去向弄得满城风雨

以前有个同事小林,毕业于一所名牌院校,学习成绩没的说,绩点在院系专业中排名TOP10。领导把她招进来给予很高的期望,派了最有经验的老员工带她,期待她能成为将来的部门骨干。

小林入职后,表现始终无法让人满意。她每天下班时间很晚,打给客户的电话数量也不少,业绩上却一直没有迎来突破。

领导没有过度埋怨她,新人身上出现这种现象非常正常。人总喜欢和熟悉的人合作。一个刚入行的销售代表,年纪轻轻,很可能让别人产生不靠谱的刻板印象。哪怕巧舌如簧,这种现象也很难在短时间内改变。

　　小林要做的是等待，熬过这段从量变到质变的磨人过程。

　　根据合同，没有达到一定的销售业绩，每月只能拿到 2500 元底薪。作为一个 985、211 名牌大学毕业的学生，这个收入水平确实有点不匹配。

　　而且对非本地毕业生来说，在市中心租房是一笔非常大的开销，2500 元底薪只够勉强交房租。其他生活开支，小林只能伸手向父母要，工作后还不能自立，要强的她觉得这是耻辱。

　　思前想后，小林感觉在这份工作上很难干出成就，动了离开的念头。

　　经过朋友推荐，小林终于拿到一份心仪的录取通知，不仅工资待遇、保底收入是原来工作的好几倍，还能接触到更多厉害的大咖，不用担心长期处在经济拮据的状态。

　　尘埃落定之时，小林有点兴奋过度，逢人就说自己未来的去向，言辞中带有"自己即将脱离苦海"的意味，新公司更有发展前途。哪怕别人对她的吐槽毫无兴趣，她也要拉住别人一通倾诉。

　　这样口无遮拦，自然在公司中引起轩然大波。大伙儿都认为她有点轻浮，明明领导和周围同事对她很好，她一点不感恩戴德，反而把一盆脏水泼在别人头上。

　　听到这样的言论，领导自然极度不满，把小林叫到办公室，质问她是否说过那些话。小林完全不避讳，直言自己就是不想干了，发几句牢骚还不成吗？

　　这次对话不欢而散。

　　很快，小林的恶名从老东家传到新东家。

人还没到那边，对方就知道她是这样一个人。幸好有朋友极力保荐，没有影响到入职，但对她未来的发展还是带来了明显的负面影响。

下面举的例子，也让人颇为无奈。

同事小方在工作五年后决定跳槽。他为人低调，没有将离职的消息在公司内大肆传播，就是不想引来不必要的麻烦。

他和办公室同事小徐关系很好，向小徐透露了自己即将离开的消息，言语中带着依依不舍。直到在人力资源部办完全部离职手续，他才和其他同事道别。

然而，其他人似乎提前知道了他的去向。小方的心中一寒，没想到小徐根本没有遵守约定为他保密。他无意间听到很多风言风语，这让小方有点难以接受。

无论你是有意还是无意说出离职去向，都可能产生难以预料的影响。职场中的人际关系复杂，表面看上去人畜无害的同事，可能在关键时刻泄露秘密，导致消息快速传播。

因此，很多人宁愿选择从头到尾保持沉默。

2. 说与不说，不能一概而论

跳槽到另一家公司，几乎每个职场人都会经历。离职过程牵扯到与老东家、新东家的沟通，一方面要与新东家沟通好，明确入职报到时间；另一方面要完成自己手头工作的交接，至少不让各项工作因为自己离去而荒废。

这些事务本来就非常烦琐，还要面对关于离职去向的询问，确实让人纠结、无奈。

说，还是不说？这是每个要离职的人不得不面对的选择题。

实话实说吧，肯定被继续追问：公司待你这么好，为什么还要辞职？有些问题很难回答，难免引起同事背后议论纷纷，甚至惹出麻烦。

不说吧，人家会觉得你矫情：人都要走了，还弄得这么神神秘秘，一点也不坦然，肯定心里有鬼。

那么，到底要不要说出去向？要回答这个问题，需要区分不同情况。

首先是未来要去的公司可能与原公司存在竞争关系。

这种情况下，你和原来的同事可能会抢夺同一个领域内的客户资源。你抢到的客户多，别人相对应地抢到的就少了。即使不存在直接的利益冲突，原来的同事也可能暗暗地和你较劲。

假如你入职的公司规模以及发展前景比现在的公司好，肯定会招致一些人的嫉妒。在嫉妒心理作祟下肯定有人编造谣言，让你的离职之路走得不那么顺利。

领导可能会担心你将公司的一些商业机密或者客户资源带到新公司去。尽管劳动合同中对保密事项有一些约束，但是很难保证有人通过某些手段规避处罚。

即使一些机密资料的时效性打了折扣，客户也不是那么容易带走的，上司也要未雨绸缪，避免公司利益受到损失。

因此，他可能阻挠你离开，比如在离职流程上故意拖延，耽误你在规定时间内入职新公司。

当然，不是所有情况都不能说出离职后的去向。

假如你入职的新公司是一个全新的领域，不属于你原来工作的行业领域，这时候不妨大大方方地说出自己的去向。

因为这种情况，你和原公司不存在明显的利益冲突，说不定今后还有合作的机会。即使没有合作，没有冲突，别人也犯不上从中作梗。

假如你选择自主创业，说出去向就更没有心理负担。也许别人会给你一些建设性的意见，帮助你在初创期少走一些弯路。

3. 分清不同时期，让离开变得更体面

离职是一个敏感的特殊时期，不同阶段有不同的处理方式。

离职也不是一蹴而就的，特别在求职形势日益严峻的当下，除非你在某个领域内出类拔萃，别人无法替代你，否则想找到一份称心如意的工作并不容易。

年轻人容易冲动，一点点不顺心就可能出现"裸辞"的现象。

这真要不得。

放弃"换地方就能改变一切"的天真想法，很多情况下不能只从别人身上找原因，自己在某些方面存在的问题也不能忽视。

即使想离职，也不要不计一切后果地"裸辞"。

一般人都选择"骑驴找马"的策略，先不急着辞职，悄悄寻找下家，直到有了眉目再办理离职手续。

这个"骑驴找马"的阶段，一定要管好你这张嘴。哪怕某次面试中表现很不错，面试官释放出想要录用你的信息，也不要沾沾自喜，更不能在同事面前炫耀。没有正式收到录用通知前，任何情况都可能发生。

一旦上司知道你要离职，很可能节外生枝，为你设置障碍。最怕走没走成，还不得不继续在公司待下去，这样的日子将非常煎熬。

好了,终于和新东家敲定合同事项,进入离职倒计时,这时候也不能掉以轻心。千万不要因为自己要走了,就对工作敷衍了事。做好工作交接,让继任者能迅速上手,是你在这个阶段必须完成的任务。

站好最后一班岗,可以为自己的职业形象加分,给老东家的上司留下好印象。这时候你再说出自己的去向,上司一般不会对你过分为难。或许你们的缘分不会因为这次离职而结束,为将来在业务上的合作打下良好的基础。